こんなふうに教わりたかった！　中学数学教室

定松勝幸

はじめに

　この本は、当初は、社会人向けの中学校数学の本として出版する予定で、SBクリエイティブさんから依頼されたものです。
　しかし、私がお手伝いさせていただいている県の教育庁や、講演で訪れた高等学校や中学校から、「教育現場で使用したい」「教師や生徒に読ませたい」という話をうかがい、対象を社会人だけに限定せず、中学生、高校生、大学生（院生を含む）、さらに現場で教えている先生方にまで広げることにいたしました。

〈中学生の方へ〉
　中学校の教科書や参考書より踏み込んだ解説をしています。それは、この本が中学校数学の学習だけを目的としたものではなく、高校、大学、さらに社会人になっても役に立つものにしたかったからです。
　中学生の方には、その踏み込んだ説明をしっかり読んで理解したうえで、高校に進んでもらいたいのです。
　きっと、高校数学を学んでいくと「ここで、あの本で学んだことが活きるのか！」という感動を得られるはずです。将来において役に立つ中学校数学ですので、がんばって理解に努めてください。

〈高校生の方へ〉

「中学校のときはできたはずの数学が、なぜか高校になってできなくなった」という人は多いと思います。

高校になって急に数学が難しくなったのでしょうか？ そう思っている人がほとんどだと思いますが、実は違うのです。中学校数学の正しい理解がないまま高校数学を学んでいるからなのです。

「高校で急に数学が難しくなった」と感じている人は、この本を丁寧に読んでみてください。中学校のときに数学が苦手ではなかった人は、この本に載っているほとんどの問題を簡単に解くことができるでしょう。

でも解説を見てください。そこまで正しく理解したうえで解いていましたか？ 深く理解できていれば、高校数学が簡単に感じられるようになるはずです。

高校数学を理解するうえで中学校数学がいかに大事であったかを実感していただけると思います。

〈大学生、大学院生の方へ〉

この本に載っている問題は、すべて解けるかもしれません。しかし、「なぜ、その解法をするのか？」「その解法を初めて考えた数学者はどうやってそこにたどりついたのか？」などを自問自答してみてください。答えられない人が多いのではないでしょうか。

それに答えられないということは、解法を丸暗記しただけで、理解してはいなかった、ということです。

丸暗記の勉強では、良い研究はできません。この本を使って意識改革をしていただければ幸いです。

　砂地にビルは建ちません。立派なビルを建てたいのなら、基礎をしっかり固めることです。それができて初めて、応用力がつきます。

　これは、数学だけの話ではありません。いかなる学問にも通じる話です。理系・文系に関係なく、大学生・大学院生には、「理由を考え、解明し、それを応用する」ことができるような思考システムを作り上げてもらいたいと思っています。そのため、理系だけでなく、ぜひ文系の人にも読んでもらいたいのです。きっと、数学だけでなく、他の学問を学ぶうえでも役に立つものと思います。

〈社会人の方へ〉

　この本の最初の目的は、既に社会で働いている方や家庭に入られた方が「もう一度、数学をやり直してみたい」と思ったときの手助けとなることでした。そのため、中学校レベルの数学をわかりやすく解説することを目指しました。

「中学校のとき、このように教わっていればよかったな」、「中学校で、こんなふうに習っていれば、もっと数学が好きになっていたかもしれない」と思っていただきたかったからです。と同時に、"数学"を学びながら、自然と"学問"を学べるようにいたしました。

実は、「そうだったのか」と納得するたびに、社会でも役立つ"論理的思考"を学べるような内容になっているのです。

この本は数学のための数学の本ではありません。さまざまな学問の基礎となる思考方法を解説した本であると考えております。それを感じていただけたなら、著者の私にとって最高の幸せです。

〈教師の方へ〉

「なぜ、その解法をするのか？」にこだわって解説しました。教師の仕事は、教えることではなく、生徒自身が自分で解けるようにすることだと思っています。当然のことながら、単に解答を板書するだけでは、生徒はできるようにはなりません。

私を含めて、教師の役割は重要です。どれだけ生徒が伸びるかの半分以上は、指導者にかかっていると思うのです。私の教員研修などの経験から「教師にとってもここは説明しにくい」という声の多い部分は、特に丁寧に解説しております。先生方の指導の助けになれば、幸いです。

2014年2月

定松勝幸

目　次

はじめに　3

第1章　図形その1（平行線）
～劇団☆平行線『補助線の魔術』～
　第1話　わりばしを落としたら……　10
　第2話　有名な図形問題　11
　第3話　平行線のお話　13
　第4話　有名な図形問題（解説篇）　19

第2章　図形その2（面積比）
～図形問題で景色を変える方法～
　第1話　三角形の面積比について　26
　第2話　三角形の内心　35
　第3話　内心をどちらでとらえるか？　37
　第4話　景色を変える　43

第3章　文字を含む式
～法則作りに欠かせないもの～
　第1話　「割り算」の意味　52
　第2話　整数を一般化する方法　57

第4章　因数分解
～和と積はどちらが"使えるヤツ"か？～
　第1話　因数分解って必要？　66
　第2話　因数分解の公式　71
　第3話　公式を使ってみよう　73
　第4話　3ステップで複雑な因数分解にも対応　75

第5章 方程式
〜滅多に成り立つことができない等式〜
第1話 1次方程式 88
第2話 2次方程式 91

第6章 関数
〜変化を1ヶ所にまとめる〜
第1話 関数って何? 100
第2話 関数の姿を読み解く 101
第3話 グラフのさぼり方 110

第7章 連立方程式
〜"かつ"で結ばれた図形の真実〜
第1話 連立方程式と言えば…… 116
第2話 解法に疑問を持ってみる 119
第3話 見方を変えてみる 120
第4話 共有点に与えられた新たな呼び名 129
番外編 135

第8章 確率
〜そこは"重み"が違うから気をつけて〜
第1話 いまいち馴染めない言葉 142
第2話 順列・組み合わせ 143
第3話 "重み"の違い 149
第4話 「同様に確からしいもの」を作る 152

チャレンジ問題の解説・解答 163
おわりに 182

第1章

図形その1（平行線）

~劇団☆平行線『補助線の魔術』~

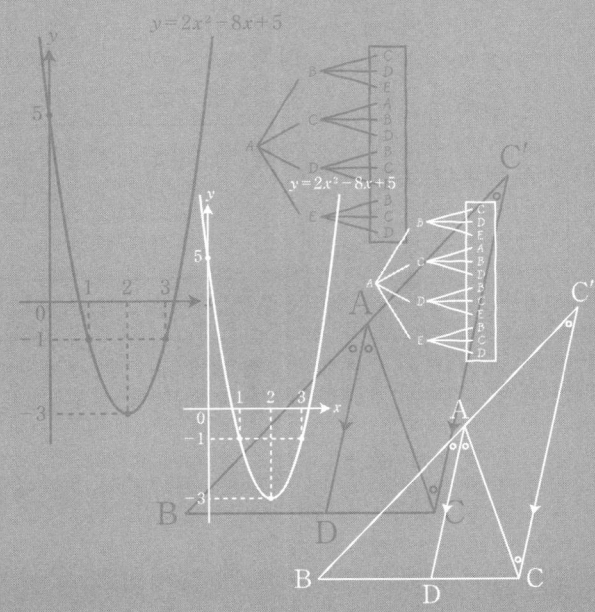

☕ 第1話　わりばしを落としたら……

公園のベンチに座り、今日は娘との楽しいランチタイム！ところが、あわてん坊の娘がわりばしを地面に落としてしまいました。

⬇

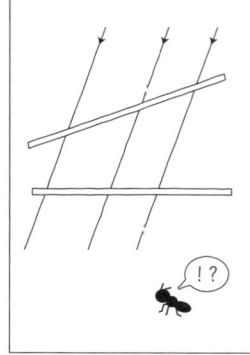

こんなとき、やっぱり「も～、何やってるの～！」と言いたくなりますが……、

> ぜひ、足元の小枝を拾って、平行な線を3本引いてみてください。

すると、どうでしょう！

⬇ 娘に平行線の性質を語れるチャンス到来です！

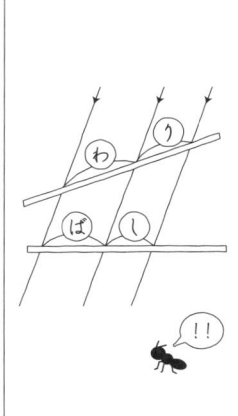

なんと、必ず ⓦ : ⓡ = ⓑ : ⓛ になるんです！

先ほどまでは、もはやこの2本をつなぐものは何もありませんでした。しかし、3本の平行線のおかげで……

ⓦ : ⓡ という長さの比が、ⓑ : ⓛ に受け継がれています。

> これを数学では「比の移動」と呼びます。

（※この親子は、また後ほど登場します！）

第2話　有名な図形問題

ところで、こんな問題を見たことはありませんか？

問題

△ABCの∠Aの二等分線と辺BCの交点をDとすると、AB：AC = BD：DCである。このことを証明しなさい。

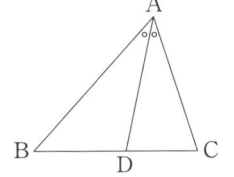

> 実はこれ、「三角形の内角の二等分線は、その角をはさむ両側の辺の比に対辺を分ける」という有名な定理です。

とりあえず、教科書に載っている解答をそのまま書きますね。

解答

△ABC において、BA の延長線上に点 C' を AD//C'C となる位置にとる。

AD//C'C より $\begin{cases} \angle AC'C = \angle BAD \text{（同位角）} \\ \angle ACC' = \angle DAC \text{（錯角）} \end{cases}$

題意より∠BAD = ∠DAC だから、

∠AC'C = ∠ACC' となり、△ACC' は AC = AC' の二等辺三角形となる。

よって

AB : AC = AB : AC'

AD//C'C より、

AB : AC' = BD : DC

以上より、

AB : AC = BD : DC

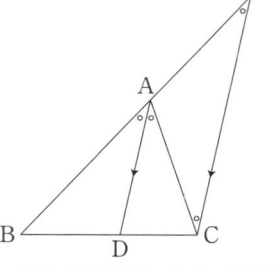

今は読み流す程度で大丈夫です！

これ、教科書の解答を読んで「まぁ、たしかにそうだな……」と納得できたとしても、なんだか狐につままれたような気分になりませんか？

その原因は……、

「△ABC において、BA の延長線上に点 C′ を AD∥C′C となる位置にとる」

この唐突な最初の1文にあると思います。「えっ？またなんで急にそんなことを思いつくのさ？」って言いたくなりますよね。これって数学の授業のモヤモヤポイントです。

そこで、「なぜこの最初の1文にあるような作業をしようと思ったのか？」という疑問をスッキリさせるための解説をしたいと思います。

☕ 第3話　平行線のお話

では、モヤモヤをスッキリさせるための準備として、まずは「平行線の性質」を復習してみましょう！

①

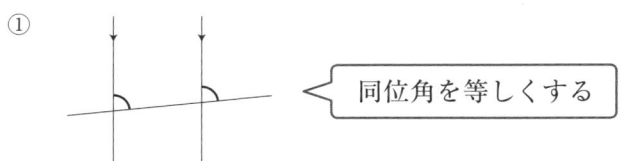

同位角を等しくする

② 錯角を等しくする

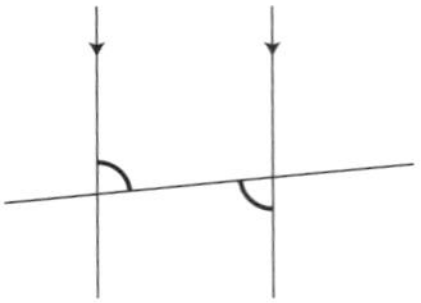

③ 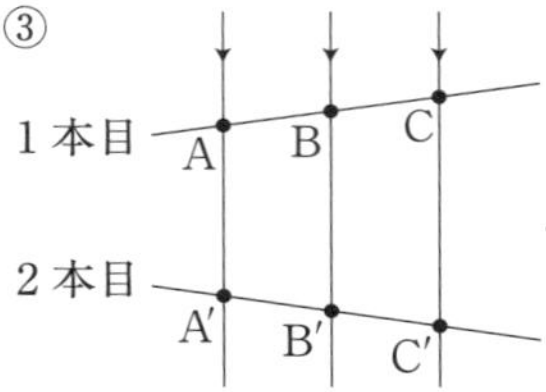
$AB : BC = A'B' : B'C'$

比の移動
1本目の直線上の辺を分ける比は、2本目の直線上の辺を分ける比に一致する。

つまり

1本目に存在した $AB : BC$ という比が、平行線を介して2本目の $A'B' : B'C'$ へ移動しました。

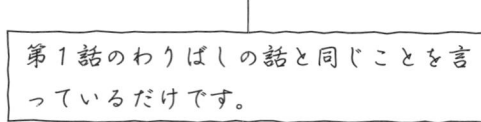

第1話のわりばしの話と同じことを言っているだけです。

　ここで、③の利用法、つまり「平行線で比が移動する」という性質は、いつどんなふうに使えばよいのかをお話ししたいと思います。

まず、平行線は3本必要です。
そして、この3本の平行線は、主役の1本と脇役の2本から成ります。名づけて「劇団☆平行線」です。
この「劇団☆平行線」が辺を分ける比を移動させてくれるというわけです。

どちらの比もそれぞれ1本の直線上にあるので、
$AB:BC=A'B':B'C'$

こんな感じです。主役は真ん中です！
脇役は必ず主役の両脇に平行に立ちます。

脇役　主役　脇役

さて、ここで1つだけ注意していただきたいことがあります。「劇団☆平行線」で移動させることができる比は、1本の直線上にある比です。

上の図で、$AB:BC$ はまっすぐな1本の線上にありますよね。同様に $A'B':B'C'$ も、まっすぐな1本の線上にあります！

ところで、第1話の"わりばしを落としてしまった親子"ですが、一難去ってまた一難。今度は通りすがりのランナーにわりばしを踏まれ、1本だけ折れてしまったとします。

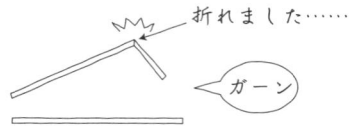

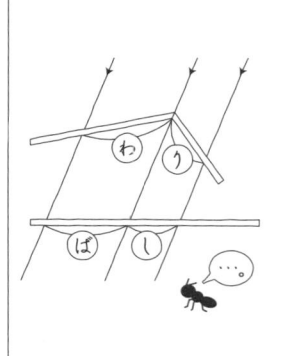

こんなふうになってしまいました……。もう一度、平行線を引いてみましたが、なにしろ⑰:⑰が折れ曲がっていますから、もはや⑰:⑰=⑯:⑰とは言えません。「劇団☆平行線」は1本の直線上にある比しか移せないのです。

でも、実はこれ、娘に「補助線」を語るチャンス到来です！ 折れ曲がってもなお⑰:⑰=⑯:⑰と言えるパターンが1つだけあるのです。もしかしたら、そのパターンに当てはまっているかもしれません。やってみましょう！

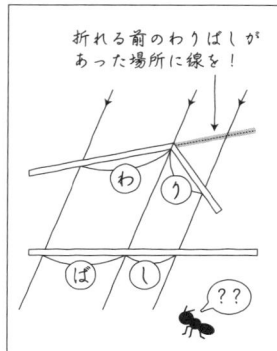

まず、折れてしまう前のわりばしの跡に、そっと線を引いてください。

数学で言うところの、いわゆる「補助線」です！

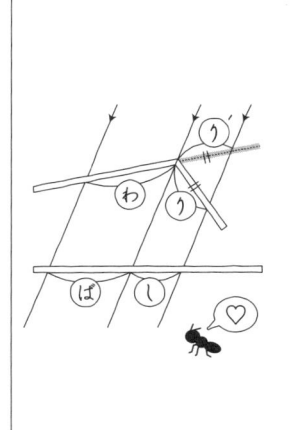

次に、左図のように⑨'をとったら、この⑨'の長さと⑨の長さを比べてください。

長さが等しいか否か

もしも⑨'＝⑨ならば、このように折れた状態でも⑩:⑨＝⑪:⑫となります。

＝⑨'だから

つまり、こういうことです。

「劇団☆平行線」は1本の直線上にある比しか移動させることはできません。ですから、下の図のように AB：BC が折れ曲がっている場合、比の移動はできないということになります。

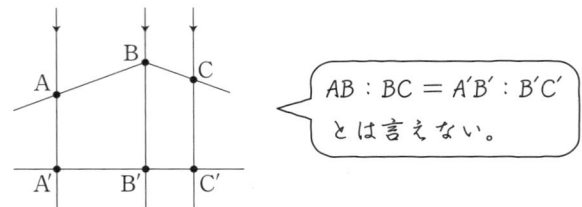

しかし、下の図のように BC = BD となる場合に限っては、折れ曲がっている部分（つまり BC）を、BD として見立てることができます。これによって BC は、一直線上にあるもの（つまり BD）と同様の扱いを受けることができるというわけです。

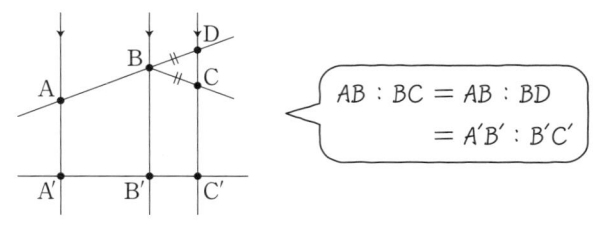

> それでは、いよいよ第2話でご紹介した"有名な図形問題"の解説に入りたいと思います！

第4話： 有名な図形問題（解説篇）

では、もう一度問題を見てみましょう。

問題

△ABCの∠Aの二等分線と辺BCの交点をDとすると、AB：AC = BD：DCである。このことを証明しなさい。

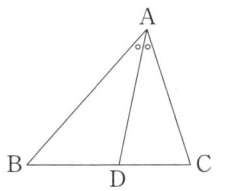

> まず問題の読み取り方が重要です。
> AB：AC = BD：DC を証明しなさいと書いてありますね。つまり「比が移動している」ということを示してくださいということです。

この「比が移動」というキーワードから「平行線を使う問題かな？」と推定することができます。「比の移動」というのは、平行線の重要な性質の1つだからです。

しかし、問題の図に平行線はありません。そこで、平行線を入れてみたくなります。
さて、「比の移動」を扱う場合の平行線は3本でしたね。そうです、「劇団☆平行線」です。
そして、内分の場合、主役の位置は真ん中です！
つまり、比を分ける中継ぎの点を結ぶものです。
脇役は比を構成する両端に、主役と平行に立たせます。
（※外分する比の場合は、主役が端に立ちます）

すると、このような「劇団☆平行線」ができあがりました。

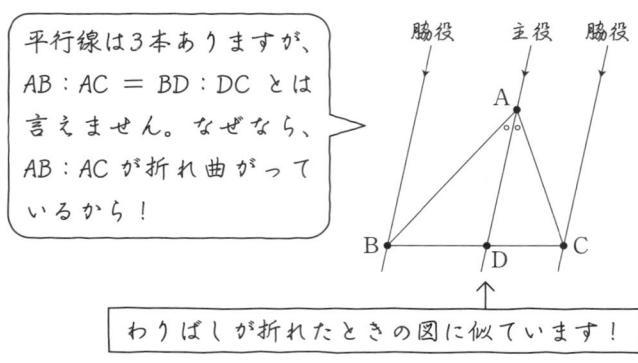

平行線は3本ありますが、AB:AC = BD:DC とは言えません。なぜなら、AB:AC が折れ曲がっているから！

わりばしが折れたときの図に似ています！

さて、「劇団☆平行線」はスタンバイできましたが、比が折れ曲がっているために、このままでは「比の移動」は使えません。困りました……。
さあ、ここで折れたわりばしの話を思い出してみて

ください。折れてしまう前のわりばしの跡に沿って線を引き、そうしてできた一直線上にある比の部分との「長さが等しいか否か」を調べましたよね。それと同じことをします。

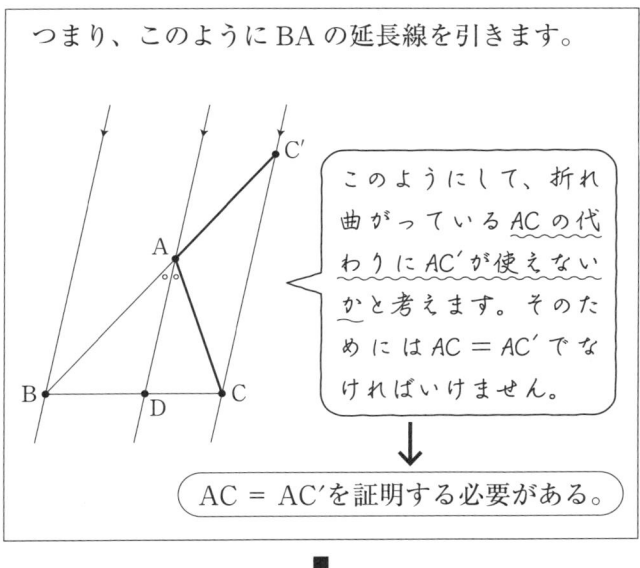

つまり、このように BA の延長線を引きます。

このようにして、折れ曲がっている AC の代わりに AC′ が使えないかと考えます。そのためには AC = AC′ でなければいけません。

↓

AC = AC′ を証明する必要がある。

というわけで……

AD//C′C より $\begin{cases} \angle AC'C = \angle BAD （同位角）\\ \angle ACC' = \angle DAC （錯角）\end{cases}$

題意より ∠BAD = ∠DAC だから、これらより

$\angle AC'C = \angle ACC'$ となり、$\triangle ACC'$ は $AC = AC'$ の二等辺三角形となる。

> これで $AC = AC'$ を言えました！
> あとは平行線の性質「比の移動」を使うだけですね！

よって、$AB : AC = AB : AC'$
$AD // C'C$ より
$AB : AC' = BD : DC$
以上より $AB : AC = BD : DC$

> 平行線の性質「比の移動」です！

> できました！

これで教科書に載っている解答の謎解きが無事に終わりました！

~~~~~~~~~~~~~~~ チャレンジ問題 ~~~~~~~~~~~~~~~

この章で学んだことを思い出しながら、次の問題を解いてみましょう（解答は巻末）。

△ABC の ∠A の外角の二等分線と直線 BC の交点を D とするとき、AB：AC = BD：DC が成り立つことを証明してください。

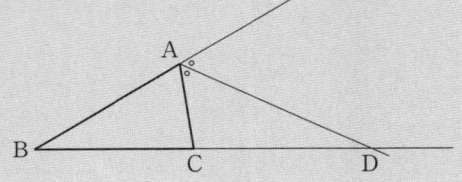

第2章

図形その2（面積比）
~図形問題で景色を変える方法~

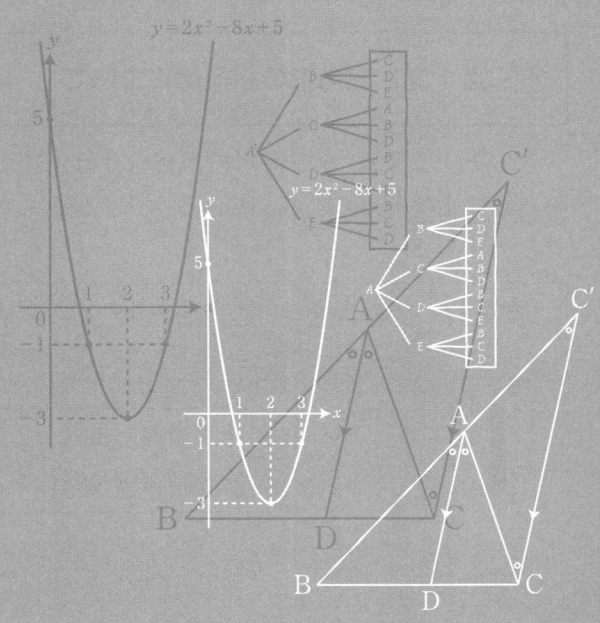

図形問題がどうしても苦手だという声を、よく耳にします。あるいは、解答を見ればいつも納得はできるのだけど、発想の方法がいまいちわからないという方も少なくないようです。

　そこで、この章では、図形問題の突破口となり得るようなお話をしようと思います。それが、この章のメインテーマとなっている「景色の変え方」です。

　本章では、まず三角形の面積比や内心についての基本事項を確認したうえで、それを使った問題に挑戦し、そこから一気にメインテーマへつなげていこうと思います！

☕ 第1話　三角形の面積比について

　さっそくですが、「三角形の面積自体は不明であるのに面積比は求められる」というケースはどんなときでしょう？

（その1）　底辺が等しいときは高さの比が面積比
　　　　　高さが等しいときは底辺の比が面積比

図で説明するとこうなります。

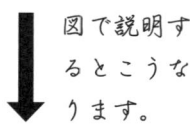

三角形の面積は、底辺×高さ×$\frac{1}{2}$なので

第２章 図形その２（面積比）～図形問題で景色を変える方法～

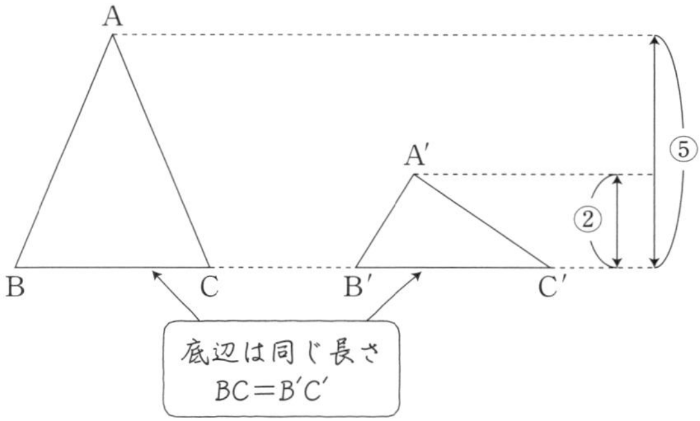

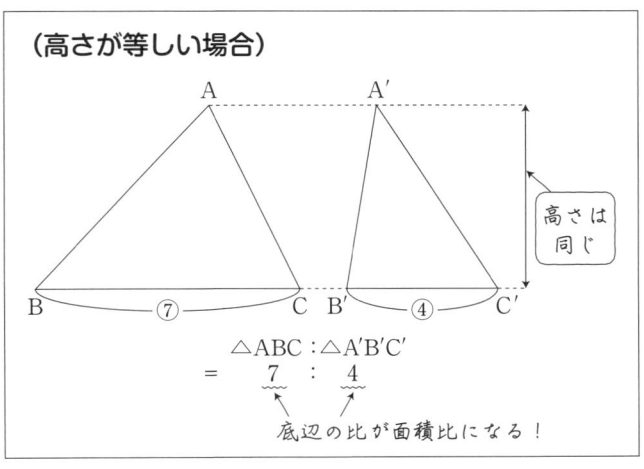

というわけで……、

三角形の面積比を求めたい場合は、まずは「底辺か高さのどっちかが同じじゃないかな〜?」という目で見るとよいです!

(その2)
相似のときは、相似比の2乗が面積比

 図で説明するとこうなります。

(△ABCと△A'B'C' の相似比が1:2の場合)
↑ 長さの比です

A 底辺が2倍
高さも2倍
B C   B' C'   A'

まずは相似のイメージ

底辺と高さの両方に (1:2) という相似比が掛かっています。

A 底辺だけ2倍だと → 高さも2倍だから →
B C   B'   C'
面積は2倍に   面積はさらに2倍に

面積は 2^2 倍に!

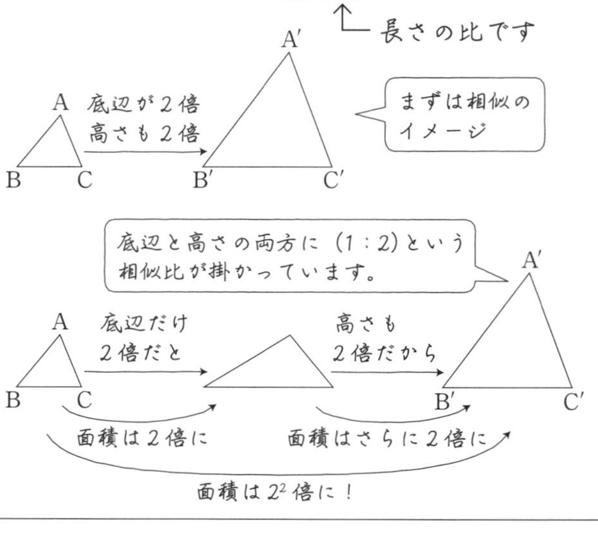

相似ではない場合でも、長さの比がわかっていれば、同様に考えて面積比を出せます!

(応用例)

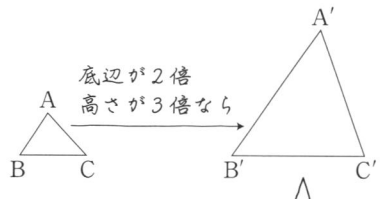

底辺が2倍 高さが3倍なら

面積比は 2×3 = 6 倍になります。底辺と高さにそれぞれバラバラに比が掛かっている場合は、それらを掛けあわせればOKです!

それでは、以上のことを踏まえたうえで、まずは次の例題に挑戦してみましょう!

例題

BD:DC = 2:3、
AE:ED = 4:5のとき、
次の(1)〜(4)を求めなさい。

(1) △ABC:△EBC
(2) △ABC:△ABD
(3) △ABC:△ABE
(4) △EAB:△EBC:△ECA

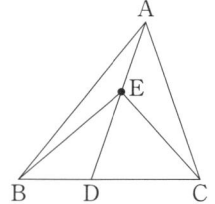

(1)

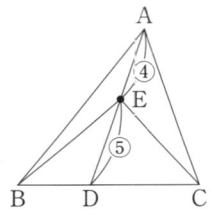

△ABC と △EBC は底辺が共通なので、高さの比が面積比となります。
△ABC : △EBC = AD : ED
= <u>9 : 5</u>

……とここで、「AD:ED は高さの比とは違うのでは？」という疑問を持たれる方のために、少し補足しておきますね。

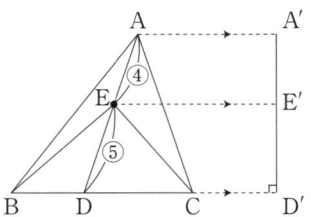

「A'D' や E'D' がそれぞれの三角形の高さである」というのはしっくりきますよね。だから「<u>高さの比は AD:ED ではなくて A'D':E'D' では？</u>」と思いたくなるかもしれません。
しかし、1つ前の章を思い出してみてください。「平行線は比を移す」でしたね。つまり、△ABC と △EBC の高さの比は、A'D':E'D' であり、すな

> わち AD：ED なのです！

(2)

> 図には必要最小限の情報だけを！

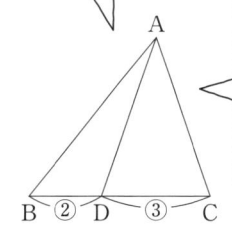

> △ABC と △ABD は高さが共通ですね。したがって、底辺の比が面積比となります！
> △ABC：△ABD ＝ BC：BD
> 　　　　　　　＝ 5：2

(3)

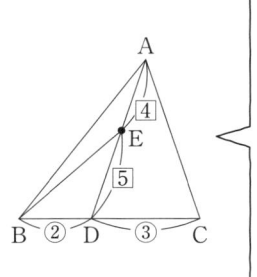

> さっきまでは、1つの辺上の比だけを用いる問題でしたが、今回は2つの辺上の比が組み合わさっています。図に比を書き込む場合は、□や○で囲むなどして、「□は□どうしの比」「○は○どうしの比」というように区別すると間違えにくいですよ。

さて、△ABC と△ABE ですから、辺 AB を共通の底辺として見ることもできますが、これでは高さの比が不明となってしまいます。そこで、AB を底辺と見る解法は諦めることになります。

　しかし、辺 AB を底辺と見ないとすれば、2つの三角形は底辺も高さも異なります。このような状況に置かれた場合は、工作の時間にしましょう！　本問の場合、△ABC から△ABD を切り取ってしまいます。

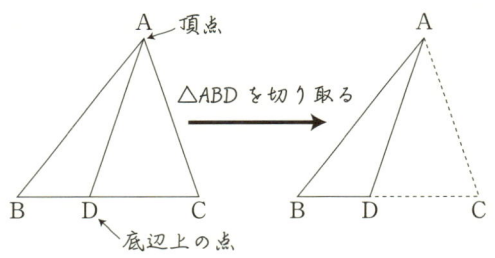

　ちなみに、工作をする際の注意点が1つだけあります。それは、「切るときには必ず三角形の頂点から底辺上の点に向かって切る」ということです。そうして切り取られた場合、そこから得られた三角形は必ず高さが同じになり、面積比が底辺の比となるというわけです。もちろん、この作業は複数回繰り返すこともできます。

　ところで、△ABC から△ABD を切り取っただけでは、求めたい比を導き出すには不十分です。

　では、次に切り取るのはどこでしょう？

そうです！　最終的には△ABE の比を知りたいのですから、先ほど切り取った△ABD から△ABE を切り取るのです。

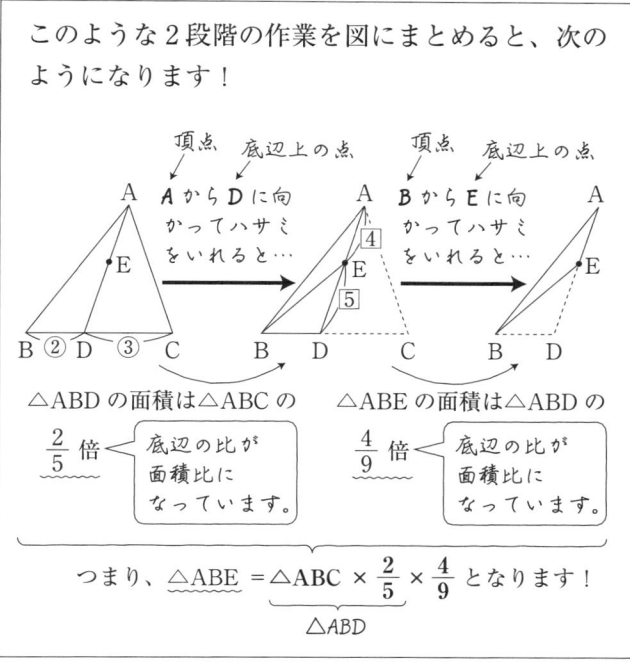

よって、

$$\triangle \text{ABC} : \triangle \text{ABE} = \triangle \text{ABC} : \underbrace{\left(\triangle \text{ABC} \times \frac{2}{5} \times \frac{4}{9}\right)}_{\triangle ABE}$$

$$= 1 : \frac{8}{45}$$

$$= \underline{45 : 8}$$

(4)

> 3つの三角形の面積比を求める問題ですが、この3つには共通する底辺も高さもありません。しかし、それぞれ△ABCに対する比を求めることはできます。
> このような場合、まずは△ABCという共通する基準を設けて、その基準に対する比をそれぞれ求め、それらを比べます！

　そこで、まずは△EABと△EBCと△ECAのそれぞれについて、△ABCを1としたときのそれに対する比を考えます。

　さて、△EABについてはすでに(3)で解説済み、△EBCについては(1)で解説済みです。残りは△ECAですね！

　この△ECAも(3)と同様の考え方で、次のように頭の中で工作をします。おさらいのために一緒にやってみましょう。

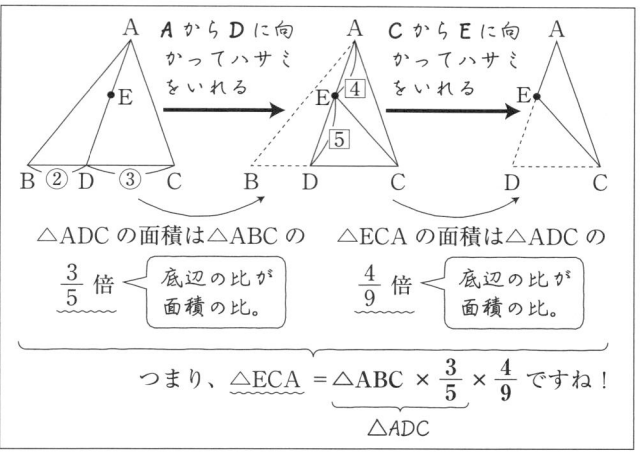

というわけで、△EAB : △EBC : △ECA

$$= \left(\triangle ABC \times \frac{2}{5} \times \frac{4}{9}\right) : \left(\triangle ABC \times \frac{5}{9}\right) : \left(\triangle ABC \times \frac{3}{5} \times \frac{4}{9}\right)$$

$$= \frac{8}{45} : \frac{5}{9} : \frac{12}{45}$$

$$= \underline{8 : 25 : 12}$$

第2話 三角形の内心

ここでは、第3話への準備として、三角形の内心について確認しておきたいと思います。
「内心」とは、内接円の中心のことです。

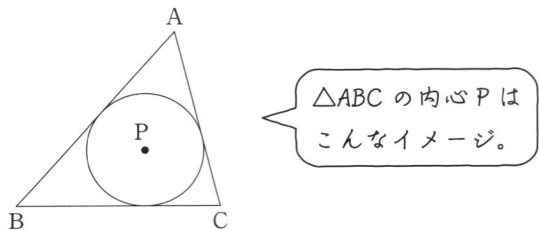

しかし、この図のままでは何の情報も得られませんよね。では、図形問題に内心が登場した場合、どのような情報を書き込めばよいのでしょうか？ それには2通りあります。

(その1)

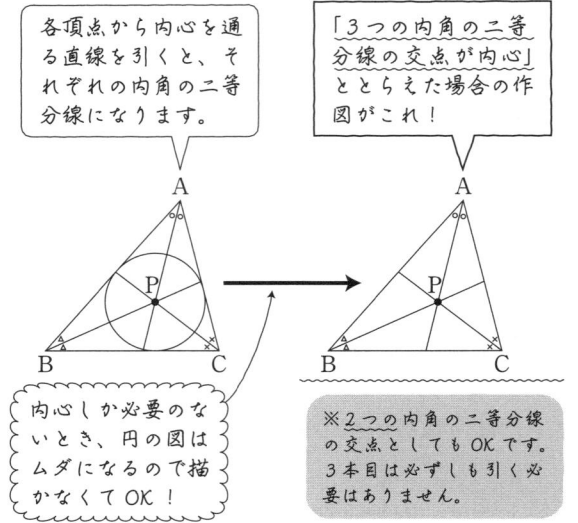

第 2 章　図形その 2（面積比）〜図形問題で景色を変える方法〜

(その2)

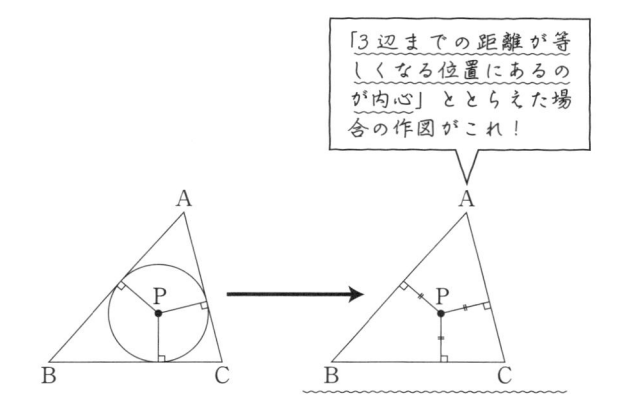

> 「3辺までの距離が等しくなる位置にあるのが内心」ととらえた場合の作図がこれ！

これで準備が整いました！
第3話でさっそく問題に挑戦してみましょう。

第3話　内心をどちらでとらえるか？

それでは、さっそく問題です！

問題

△ABCで、AB = 7，BC = 6，CA = 5、内心をPとする。このとき、△PAB：△PBC：△PCA を求めなさい。

三角形の面積比を求める問題ですね。そこに内心が絡んでいます。でも1,2話でちゃんと準備したので大丈夫ですよ！　さっそく一緒に解いてみましょう。

　……とその前に、図形の問題に限らず数学の問題では、1つの問いに対して複数の解法が生まれることがよくあります。それはなぜなのでしょうか？　そこにも必然的な理由があります。本問の場合は、「内心をどうとらえるか」によって2通りの解法が生まれることになります。

　というわけで、これから一緒に、2通りの方法で解いてみましょう！

解法その1

　内心を"3つの内角の二等分線の交点"ととらえた場合の解法

> 実際に問題を解くときには、2本の線で足ります。

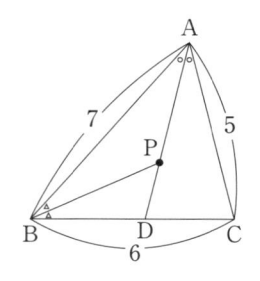

第 2 章　図形その 2（面積比）〜図形問題で景色を変える方法〜

> まずは 1 本目。

∠A の二等分線と辺 BC の交点を D とします。

> さあ、次は 2 本目です。

∠B の二等分線を引きます。すると、AD と交わったところが点 P（内心）となりますね。ここで BP をそのまま延長したくなりますが我慢です。ここまでの作図で、問題文に書かれている内容を満たしています。ムダな線を引くとわかりにくくなるので、気をつけましょう！

※ 1 つ前の「図形その 1」の章では、図形問題を解くのに「補助線」を使いました。線を補うことで、見えなかった情報の可視化に成功しましたね。
ところが、情報というのは多ければ多いほどよいというわけではありません。ちょうどよいのがベストなのです。「必要な情報だけを残し、他は削除する」というのも、問題を解くうえでは大切な習慣です。本問の場合、2 本目に引いた∠B の二等分線を、点 P を通り越して辺 AC に交わるところまで引いてしまうと、のちのちかえって混乱してしまうおそれがあります。

これで、問題文を読み、内心を"内角の二等分線の交点"ととらえた場合の作図まで完成しました。ではここから、どうやって3つの三角形の面積比を求めればよいのでしょうか？

　第1話でも面積比を求めましたが、そのときは問題文で辺上の比が与えられていましたね。本問では、与えられた辺の長さや角の二等分線の性質を用いて、そこから自分で辺上の比を読み取っていく必要があります。

　では引き続き、解答を進めていきましょう。

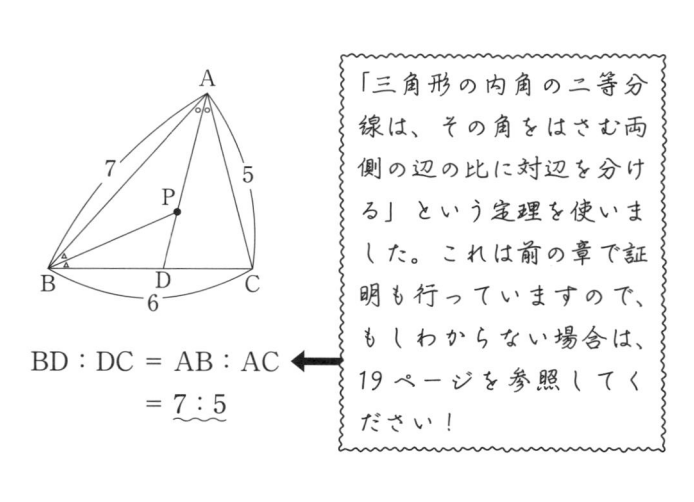

$BD:DC = AB:AC$
$= 7:5$

「三角形の内角の二等分線は、その角をはさむ両側の辺の比に対辺を分ける」という定理を使いました。これは前の章で証明も行っていますので、もしわからない場合は、19ページを参照してください！

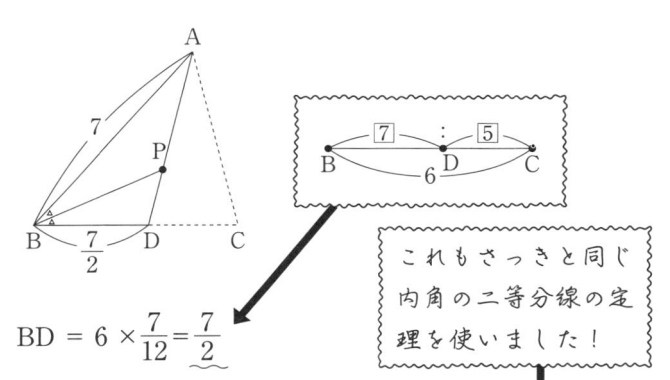

第2章 図形その2（面積比）～図形問題で景色を変える方法～

これもさっきと同じ内角の二等分線の定理を使いました！

$$BD = 6 \times \frac{7}{12} = \frac{7}{2}$$

△BDA では BP は∠B の二等分線だから、

$$AP : PD = BA : BD = 7 : \frac{7}{2} = 2 : 1$$

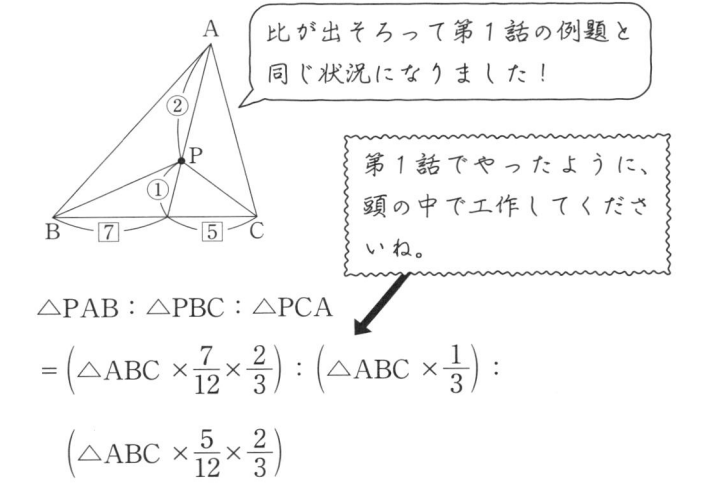

比が出そろって第1話の例題と同じ状況になりました！

第1話でやったように、頭の中で工作してくださいね。

$$\triangle PAB : \triangle PBC : \triangle PCA$$
$$= \left(\triangle ABC \times \frac{7}{12} \times \frac{2}{3}\right) : \left(\triangle ABC \times \frac{1}{3}\right) :$$
$$\left(\triangle ABC \times \frac{5}{12} \times \frac{2}{3}\right)$$

$$= \frac{7}{18} : \frac{1}{3} : \frac{5}{18} = \underline{7:6:5}$$

解法その2

内心を"3辺までの距離が等しい点"ととらえた場合の解法

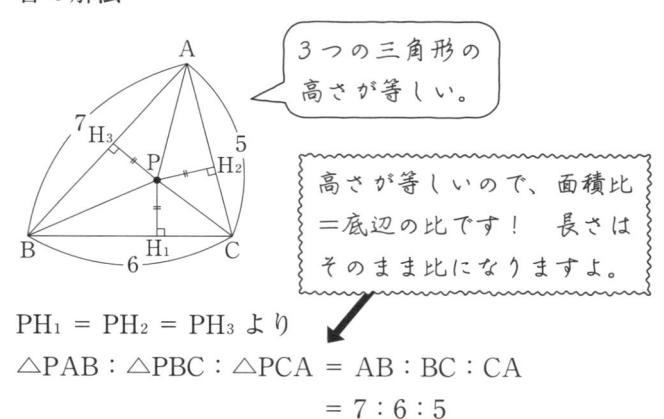

> 3つの三角形の高さが等しい。

> 高さが等しいので、面積比＝底辺の比です！　長さはそのまま比になりますよ。

$PH_1 = PH_2 = PH_3$ より

$\triangle PAB : \triangle PBC : \triangle PCA = AB : BC : CA$
$ = \underline{7:6:5}$

「解法その2」では、ずいぶんあっさり解けました。先に述べたように、内心のとらえ方は2つあり、問題に応じてどちらかを選ぶとよいです。でも、どうやって選べばよいのでしょうか？

ここで、この章の第1話の最初のほうを思い出してください。三角形の面積比を求めたいとき、まず最初に考えることは何でしたか？　そうです、「底辺か高さのどっちかが等しくないかな～？」という目で図を

見るのでした。その視点からすると、まずはやはり「解法その２」から試したくなりますよね！

> ※ちなみに、「解法その１」で解くのはたしかに大変でしたが、学ぶべき要素がたくさん詰まった解法でした。

さて、ここまでのお話で、「内心には２つのとらえ方があるから、解法も２つある」ということは説明できました。

それでは、そもそもなぜ、２つのとらえ方があるのでしょうか？

ここからは、次の第４話で！

第４話　景色を変える

突然ですが……

> 四角形は、四辺形とも言います。4つの角（＝頂点）があるから四角形です。そして、4つの辺があるから四辺形です。

同じように……

> 三角形は、3つの角（＝頂点）があるから三角形です。そして……、

> ……あれ？
> 3つの辺があるからって、三辺形とは言わないような……

> はい、ほとんど聞いたことないですよね。でも、言葉にして言わないだけで、そういう考え方もあります！

　実は、図形問題を解く際、三角形と考えるか三辺形と考えるかで解法が違ってきます！
　本問では、「解法その1」が△ABCを"三角形"と見た解き方、「解法その2」が△ABCを"三辺形"と見た解き方です。

> ……と急に言われても、ピンと来ないですよね。順を追って説明しますね！

　第3話の終わりに、「そもそも、なぜ内心には2つのとらえ方があるのか」という問いを投げかけました。
　内心というのは内接円の中心です。そして、三角形の内接円というのは、その内側で3辺に接している円です。そこで、「円と直線が接している」ということについて考えてみたいと思います。

第 2 章　図形その 2（面積比）〜図形問題で景色を変える方法〜

(その1)

単純に「円と直線が接している」というパターン

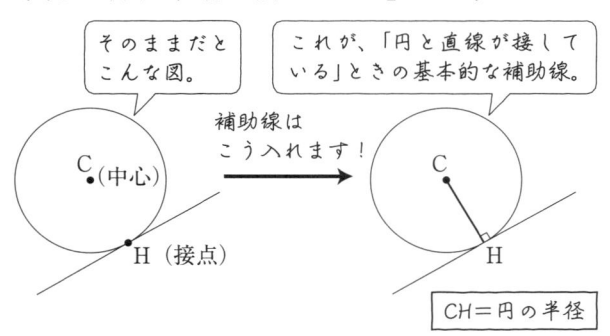

> そのままだとこんな図。

> これが、「円と直線が接している」ときの基本的な補助線。

補助線はこう入れます！

C（中心）
H（接点）

CH＝円の半径

(その2)

「円外の1点から、円に2本の接線を引いている」というパターン

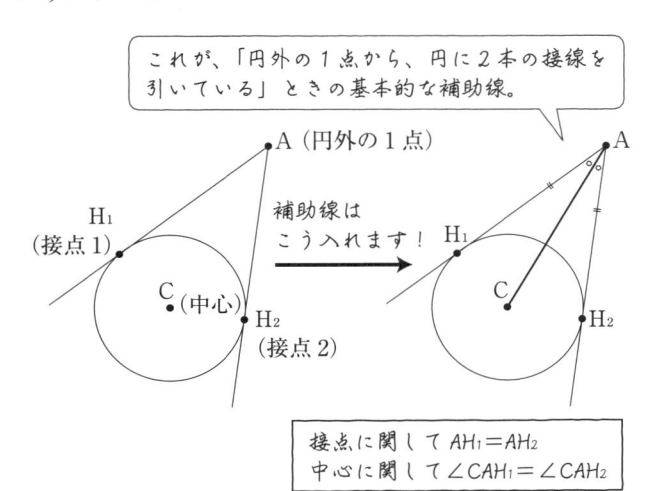

> これが、「円外の1点から、円に2本の接線を引いている」ときの基本的な補助線。

A（円外の1点）
H_1（接点1）
C（中心）
H_2（接点2）

補助線はこう入れます！

接点に関して $AH_1 = AH_2$
中心に関して $\angle CAH_1 = \angle CAH_2$

さあ、これで準備万端です！
「円と直線が接している」「円外の1点から、円に2本の接線を引いている」という2つのパターンと、先ほどの「三角形と三辺形の考え方」を頭の中に入れて、この章のメインテーマである「景色を変える」のお話へと移りましょう！

ここでもう一度、問題文を振り返ってみると……

△ABCで、AB = 7, BC = 6, CA = 5とし、内心をPとする。このとき、△PAB：△PBC：△PCAを求めなさい。

第3話では、内心のとらえ方には、「3つの内角の二等分線の交点」というものと「3辺までの距離が等しい点」という2通りがあるから、それによって解法も2通り生まれると説明しました。そして最後に、「ではなぜ、内心のとらえ方には2通りあるのか？」と疑問を提起しました。そこを、これから解き明かしていきたいと思います！

これから、第3話のときとは違う目線で問題文を見ていきますね。

第 2 章　図形その 2（面積比）〜図形問題で景色を変える方法〜

（その 1）
「△ABC を"三角形"と見たら」……、

↓ すなわち

△ABC の 3 つの角（＝頂点）に注目することになります。

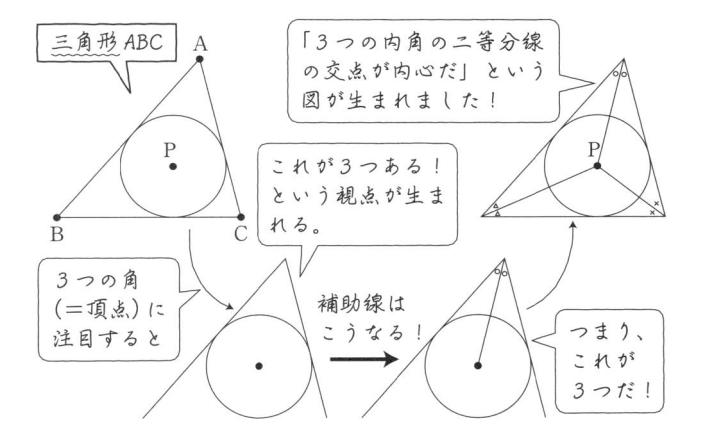

三角形 ABC

「3 つの内角の二等分線の交点が内心だ」という図が生まれました！

これが 3 つある！という視点が生まれる。

3 つの角（＝頂点）に注目すると

補助線はこうなる！

つまり、これが 3 つだ！

△ABC を"三角形"と見ることによって、「3 つの内角の二等分線の交点である」という内心のとらえ方が生まれました！

(その2)
「△ABC を "三辺形" と見たら」……、

↓ すなわち

△ABC の3つの辺に注目することになります。

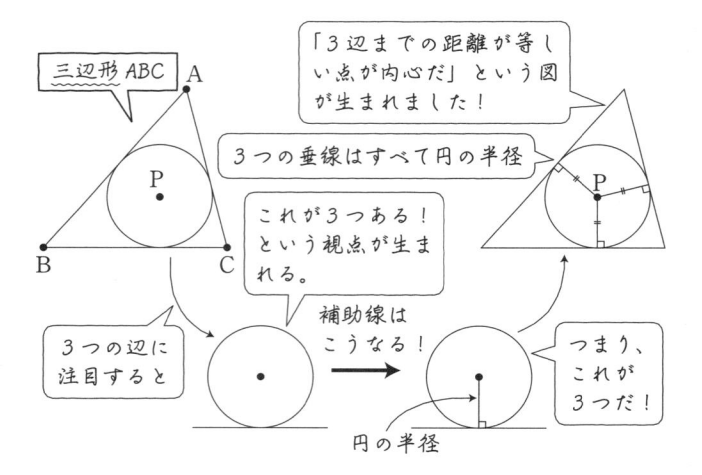

三辺形 ABC

「3辺までの距離が等しい点が内心だ」という図が生まれました！

3つの垂線はすべて円の半径

これが3つある！という視点が生まれる。

3つの辺に注目すると

補助線はこうなる！

つまり、これが3つだ！

円の半径

△ABC を "三辺形" と見ることによって、「3辺までの距離が等しい点である」という内心のとらえ方が生まれました！

つまり、内心のとらえ方が2通りあるのは、△ABC

に対して「三角形 ABC」と「三辺形 ABC」の 2 通りのとらえ方があったからなのです！

以上より、「内心の位置」の 2 通りの生い立ちは、このようになります。

△ABC を"三角形 ABC"と見る

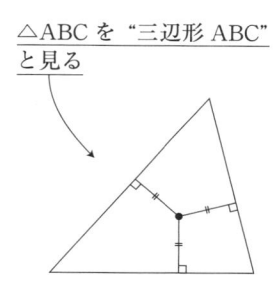

△ABC を"三辺形 ABC"と見る

このように、△ABC について角（＝頂点）に着目するか、辺に着目するかで、こんなにも図形の景色が変わるのです。これが図形問題の面白さです！

もし、図形問題につまずいてしまったら、「自分はどちらの目で見ているのかな？」と、立ち止まってみてください。そして、違うほうの視点に変えてみてください。そうすれば、景色ががらりと変わり、解法を思いつくかもしれません。数学の図形問題というのは、往々にして、どちらかの景色のほうが解答しやすいという場合が多いのです。

さらに付け加えるとすれば、ここで取り上げた三角形（三辺形）は、さまざまな図形の元となるものです。より複雑な図形であっても、それらの多くは三角形（三辺形）を組み合わせてできています。

だからこそ、小学校でも中学校でも……高校になっても、やはり教科書には三角形（三辺形）が登場します。図形の問題の中では、まぎれもなく最も重要な図形なのです。

　その"最も重要な図形"について、「三角形」「三辺形」という2つの見方を持ったならば、さまざまな図形問題において景色を変えられるに違いないですし、そうすることで、図形問題に対するイメージを明るいものにしていただければと思います！

チャレンジ問題

　この章で学んだことを思い出しながら、次の問題を解いてみましょう（解答は巻末）。

> △ABCの辺ABを1:1に内分する点をP、辺BCを2:1に内分する点をQ、辺CAを3:2に内分する点をRとします。△ABCの面積が30であるとして、次の三角形の面積を求めてください。
> (1) △APR
> (2) △PQR

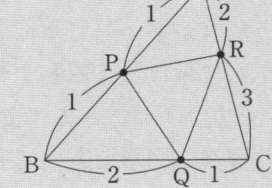

第3章

文字を含む式
~法則作りに欠かせないもの~

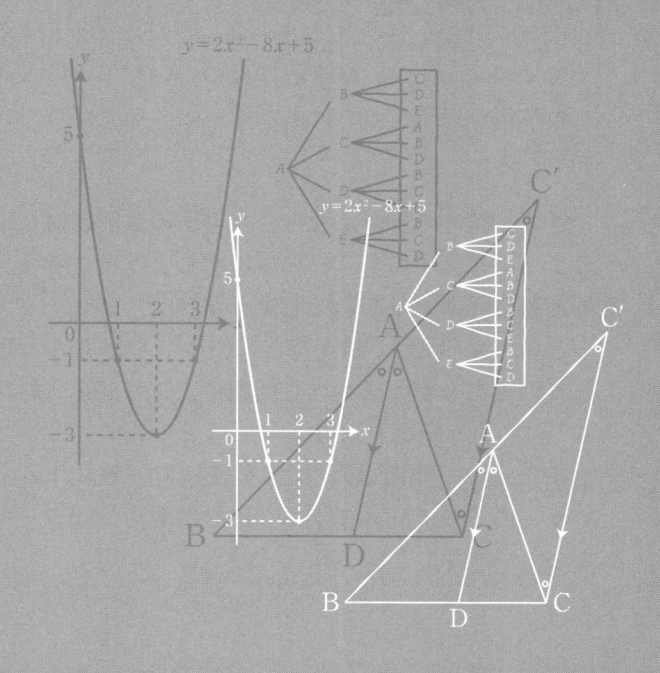

第1話 「割り算」の意味

> ある日の午後、バスの中に小さな女の子の声が響きわたっています。
> 「ねえ、割り算ってなあに? ねえ、パパ、割り算ってなに〜?」
> どうやらお父さんに質問しているようです。
> こんなとき、自分の答えが車内のみんなから注目されているような気がしてきて、何とも言えないプレッシャーを感じてしまいますよね。
> 「しーっ……。あとでね!」と、なだめようとするお父さんですが、好奇心に火のついた子供に大人の事情が通用するわけもなく……。

　さて、読者の皆さんなら、女の子の質問に対してどのように答えますか? いざ説明しようとすると、意外と難しいのではないでしょうか。

　というわけで、「割り算とは何か」をきちんと理解していることが要求される問題に、これから一緒に挑戦してみたいと思います。

　また、この問題は、「文字を使って一般化する」という、中学校で初めて学ぶ"数学的思考"がテーマとなっています。

第3章　文字を含む式〜法則作りに欠かせないもの〜

> **問題**
> 4桁の整数を9で割った余りを簡単に調べる方法を述べてください。また、それに従って8246, 4231, 7514, 3582, 8357をそれぞれ9で割った余りを答えてください。

> さて、問題文中に「9で割った余りを〜」とありますが……。
> そもそも"割る"とはどういうことでしょうか？

　実は、割り算には大きく分けて2つの意味があります！
「えっ？　そうだっけ？」って思う方もいるかもしれませんね。
　では、「50 ÷ 4」という割り算はどうでしょうか？
　これには、

"50 ÷ 4 = 12.5"
"50 ÷ 4 = 12 余り 2"

というように、2通りの考え方がありますよね。
　それぞれ、「割り算」の意味が違うのです。

"50 ÷ 4 = 12.5" とした場合

　この割り算は、「~つに分ける」という意味になります。

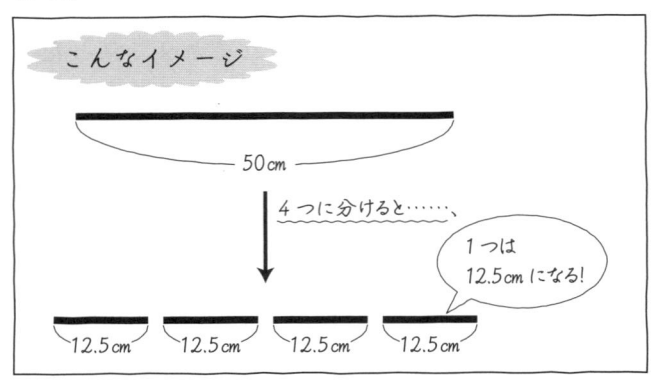

```
こんなイメージ
```

　　　　　　　　　　　50cm

　　　　　↓ 4つに分けると……、

　　　　　　　　　　　　　　　1つは
　　　　　　　　　　　　　　　12.5cmになる!

　12.5cm　12.5cm　12.5cm　12.5cm

　　　　　　　　　↑「余り」は出てきません。

"50 ÷ 4 = 12余り2" とした場合

　この割り算は、「何袋できるか(何回取れるか)」という意味になります。

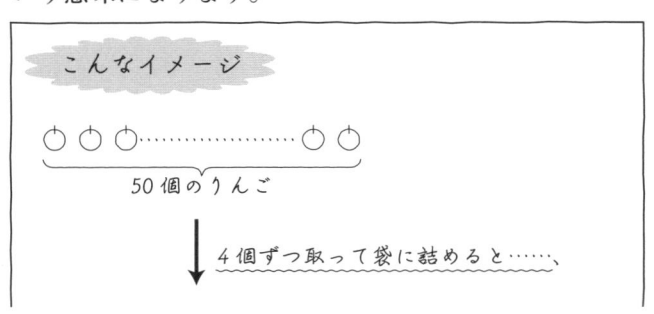

```
こんなイメージ
```

　🍎🍎　……………　🍎🍎
　　　　50個のりんご

　↓ 4個ずつ取って袋に詰めると……、

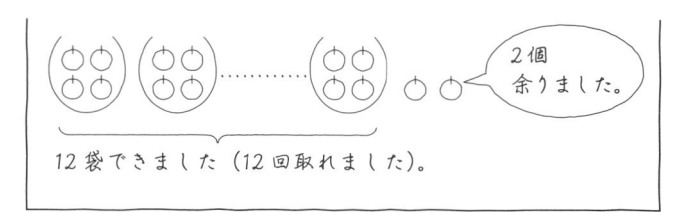

第3章 文字を含む式〜法則作りに欠かせないもの〜

```
（○○）（○○）……（○○）  ○○  「2個
（○○）（○○）     （○○）      余りました。」

12袋できました（12回取れました）。
```

では、p.53の問題にはどちらが当てはまるかというと、「9で割った<u>余り</u>を〜」とありますから、「〜つに分ける」ではなく、「何袋できるか」という意味の割り算で考えることになりますね！

そこで、この「何袋できるか」という考え方に慣れるために、次の例題をやってみましょう。

例題

$(4 \times 1234567 + 10)$ を4で割った余りを求めなさい。

解説

もちろん、まともに $4 \times 1234567 + 10 = 4928378$ と計算して、それを4で割っても間違いではないのですが……。

求めたいのは余りだけですから、次のように考えてみてください。

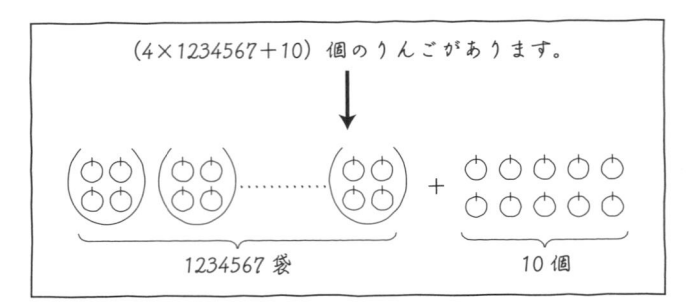

> (4×1234567+10) 個のりんごがあります。
>
> 1234567袋 + 10個

「すでに"4個詰めの袋"が途中までできあがっていて、あとは残り10個である」という状態です。

余りを求めたいのですから、できあがっている袋に関しては考えなくて大丈夫です。したがって、まだ袋に詰められていない10個分についてだけ考えます！

> 2個余りました。

というわけで、求める余りは2です！

この例題をもう少し一般化すると、次のようになります。

「(4 × □ + △) を4で割った余り」を求めたければ、"△を4で割った余り"を求めればよい。
  ↑ 整数です。

> (4 × □) の部分は、すでに4個詰めの袋ができあがっていますからね！

第3章 文字を含む式〜法則作りに欠かせないもの〜

> ※「△＝余り」ではないことに気をつけてくださいね。4で割った余りというのは0, 1, 2, 3のいずれかであり、△が4以上であれば、まだ4個詰めの袋が作れます。したがって、「△を4で割った余り」が求める余りとなります。

さあ、これで、問題文中の「9で割った余りを〜」の部分に関しては準備完了です！

☕ 第2話　整数を一般化する方法

ここで、あらためて問題文を確認してみると……、「4桁の整数を9で割った余りを簡単に調べる方法を述べてください」とあります。
「簡単に調べる方法」を求められていますね。これは、"いつでも使えるように一般化してください"ということです。そこで、"4桁の整数"を一般化する必要がありそうです。

では、4桁の整数は、どのように表現できるでしょうか？

4桁ということは、千の位　百の位　十の位　一の位　から成ります。一般化するには、次のように各桁の数字を文字に置き換えます。

千の位	百の位	十の位	一の位
a	b	c	d

そうすると、この4桁の整数は $\underline{1000a + 100b + 10c + d}$ と表すことができます。

> たとえば、2357 は、1000 が 2 個、100 が 3 個、10 が 5 個、1 が 7 個なので……、
> $1000 \times 2 + 100 \times 3 + 10 \times 5 + 1 \times 7$ となります！

これで、問題を解くためのすべての準備が整いました！

問題の解答と解説

4桁の整数の各桁の数字を千の位から順に a, b, c, d とすると、その整数は $1000a + 100b + 10c + d$ となります。これを9で割った余りを調べたいのです。「余りを求める」という問題ですから、この問題の「9で割る」というのは、「9個詰めの袋を作る」という考え方です。

> では、$1000a + 100b + 10c + d$ という整数に対して、どのような作業を行えば9個詰めの袋を作ることができるでしょうか？
> 位ごとに考えていくとわかりやすいので、一緒にやってみましょう。

第3章 文字を含む式〜法則作りに欠かせないもの〜

　それでは、まず千の位について考えてみたいと思います。

　1000に最も近い9の倍数は999ですね。

> 1000個のりんごのうち999個は、9個詰めの袋に入れられるってことです！

↓ というわけで

> 1000a個のりんごのうち999a個は、9個詰めの袋に入れることができます。

↓ ところで

> 余りを求めたいときは、すでに袋詰めにした分に関しては考えなくてもよいのでしたよね。

↓ そこで

> 式変形をしたくなります。
> 1000a ⇒ 999a + a とすれば、999aについては考えなくてよいからです。

　百の位や十の位についても同様に考えると、次のように変形したくなります。

　100b ⇒ $\underline{99b}$ + b
　　　　　　↑
　　　9個詰めの袋に入れた状態に！

$10c \Rightarrow \underline{9c} + c$

↑ 9個詰めの袋に入れた状態に！

そして、このように考えた結果……

$1000a + 100b + 10c + d$
$= (999a + a) + (99b + b) + (9c + c) + d$
$= \underline{999a + 99b + 9c} + \underline{a + b + c + d}$

↑
9の倍数
↓
すでに9個詰めの袋に入れられているというふうに見てください。

↑
まだ袋に入れられていない部分です。$(a + b + c + d)$個は、まだ9個詰めの袋に入れられていません。

↑
余りはこの部分で考えます。

したがって、$a + b + c + d$を9で割った余りが、求める余りになります。

では、$a + b + c + d$とは何でしょうか？ そうです、各桁の数字をそのまま足し合わせたものです！

つまり、この問題の前半部分、「4桁の整数を9で割った余りを簡単に調べる方法を述べてください」の答えは……、

第3章 文字を含む式〜法則作りに欠かせないもの〜

「各桁の数字を足し合わせ、それを9で割った余りを求めればよい」です！

> ※この問題では4桁の整数でしたが、何桁であっても"9で割った余り"は同じ方法で求められます。

それでは次に、問題にある5つの整数について調べてみましょう！

【8246】

8246の各桁を足すと、8 + 2 + 4 + 6 = 20

これを9で割った余りを求めればよい。

20 ÷ 9 = 2　余り2

よって、求める余りは2

> 8246を9で割るより、20を9で割るほうがだいぶ計算が楽ですよね！
> ちなみに、「9個詰めの袋を作る」という考え方にもっと慣れてきたら、8 + 2 + 4 + 6 = 20という計算すらしなくて大丈夫です。
> 「9個詰めの袋に入れた分」に関しては、余りを求めるのに使わなくて済みますよね？
> ですから、$a + b + c + d$ の段階でも、9の倍数は捨て去ればよいのです！

$$8 + 2 + 4 + 6$$

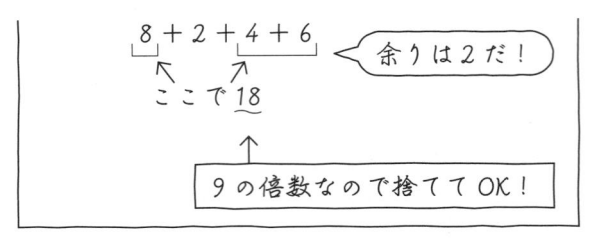

ここで 18

余りは 2 だ！

9 の倍数なので捨てて OK！

【4231】

$4 + 2 + 3 + 1$ より、余りは 1

ここで 9

【7514】

$7 + 5 + 1 + 4$ より、余りは 8

ここで 9

【3582】

$3 + 5 + 8 + 2$ より、余りは 0

18

【8357】

$8 + 3 + 5 + 7$ より、余りは 5

ここで 18

　いかがでしたか？　割り算というと、食事会などの割り勘を計算するときに大活躍するイメージがありますが、それは「〜つに分ける」という意味のほうの割

り算です。割り算には、この問題のように「何袋できるか（何回取れるか）」という意味もありますので、問題によって使い分けてくださいね。

それから、文字というのは少しとっつきにくい感じがするかもしれませんが、何かを一般化したいときには欠かせないものです。個々の具体的な数字を使った多数の試行では、「きっとこんな法則がありそうだ」ということは言えますが、「必ずその法則が成り立つ」ということまでは保証できません。文字を使うことによって、初めてそれを保証できるのです！

チャレンジ問題

この章で学んだことを思い出しながら、次の問題を解いてみましょう（解答は巻末）。

> 5桁の整数を4で割った余りを簡単に調べる方法を見つけて、その方法に従って、84753, 49768, 93571をそれぞれ4で割った余りを求めてください。

第 4 章

因数分解

~和と積はどちらが "使えるヤツ" か?~

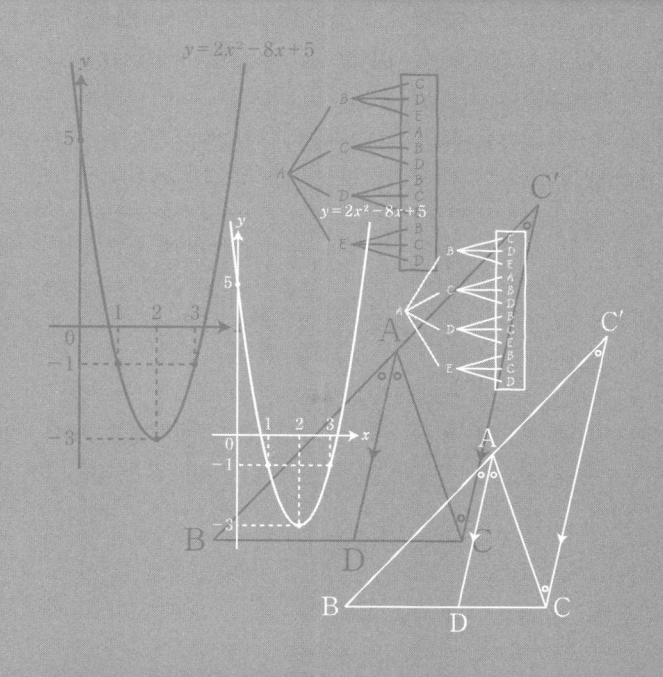

☕ 第1話　因数分解って必要？

「そう言えば、中学のときにやったけど、アレって結局何だったんだろう？」と思ってしまうものの1つとして、「因数分解」が挙げられると思います。

そうです……。

「$x^2 - 6x + 8$ を因数分解しなさい」と言われたら、「$(x-2)(x-4)$」と答えなくてはならない、アレです！

とりあえず公式を覚えて、あとはひたすら問題数をこなすことで解くことに慣れて……。因数分解って、皆さんの思い出の中では、そんなポジションに留まってはいませんか？

そんな今日この頃、やっと勉強してくれるようになった中学生の息子にこんなことを言われたら……。

> 因数分解とか、マジ意味わかんねー。$a^2 - b^2 = (a+b)(a-b)$ とか、公式を覚えろって言われたけど超めんどいし、……ていうか必要なくない？

そんなときは、「教科書に載ってるんだから、とりあえずやりなさい」なんて言わずに、ぜひ、こう答えてあげてください。

第4章　因数分解〜和と積はどちらが"使えるヤツ"か？〜

> 因数分解するってことは、足し算や引き算が入っている式を（　）を使って積の式にするってことなんだよ。実は、積の式にすることによって、数式はやっと私たちに心を開いてくれるんだ。だからこそ、因数分解ってとっても重要なんだよ！

では解説します。

まずは和と積についてのお話です。これによって、積のかたちにすることが、つまり因数分解することが、どれほど有意義であるかを示したいと思います。

さっそくですが、和の式の代表と積の式の代表として、2つの式を用意しますね。

■　$a + b + c = 0$　　和の式

■　$abc = 0$　　積の式

さて、和の式から a, b, c の3つの数についてわかることって何でしょうか？

もちろん、$(5, -2, -3)$ などいろいろな組み合わせを挙げることができます。しかし、このような組み合わせは無限にあります。ということは、この式からは、少なくとも数学的には、これといった有益な情報は得られないということになります。

67

では、積の式はどうでしょうか？
$abc = 0$ ということは、「a, b, c のうち少なくとも1つは0だ」と言えます。

つまり、この積の式からは「絶対にどれかは0だ！」と断言できるのです。
$abc = 0 \Leftrightarrow$ 「$a = 0$、または $b = 0$、または $c = 0$」ですね！

※⇔という記号は、「同値」という意味です。左から右も、右から左も成立するときに使います。

このように、和の式から方程式を解こうとすると路頭に迷ってしまいますが、積の式からは方程式を解く道が開けます。中学校の数学の教科書で「2次方程式」の1つ前の章が必ず「因数分解」であるのは、そのためです。

……というわけで、**「積の式なら方程式を解くのに使える」**を示せましたね！

ちょっと確認

先ほど、何気なく使った言葉「または」について確認しておきたいと思います。

日常生活では、たとえば「パンまたはライス」とレストランのメニューに書かれていたら、二者択一の意味でとらえて、パンかライスのどちらかを選びますよね。

しかし、数学の世界では少し違っていて、「どれでもいいですよ、全部でもいいですよ」という意味になります。

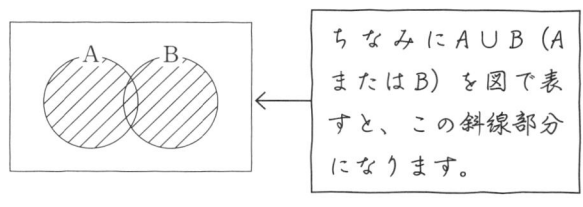

> ちなみにA∪B（AまたはB）を図で表すと、この斜線部分になります。

つまり、「$a = 0$、または$b = 0$、または$c = 0$」というのは、a, b, cのどれか1つが0でもいいし、2つが0でもいいし、3つとも0でもいいという意味になります。

このように、数学では、日常的に使っている言葉の意味と違う使い方をしている場合がありますので、気をつけてください！

もちろん、積の式にする利点はこれだけではありません。

「符号を調べるのにも積の式が優れています」

たとえば、a が正の数で b と c が負の数だとします。

このとき……「$a + b + c$ の符号は？」と聞かれても、「不明です」と答えるしかありません。

a, b, c に、それぞれどんな数をあてはめるかによって、正にも負にもなり得るからです。

> たとえば
> $\begin{cases} a = 5 \\ b = -1 \\ c = -2 \end{cases}$ ならば $a + b + c = 2 > 0$
>
> $\begin{cases} a = 2 \\ b = -3 \\ c = -1 \end{cases}$ ならば $a + b + c = -2 < 0$

ところが、「$a \times b \times c$ の符号は？」と聞かれたら、自信を持って「正です！」と答えることができます！

さらに、「分数の約分も積の式でなければ！」です。

たとえば、$\dfrac{6 + 5}{4 + 7}$ というのを $\dfrac{\overset{3}{\cancel{6}} + 5}{\underset{2}{\cancel{4}} + 7} = \dfrac{8}{9}$ とはできません。

ところが、$\dfrac{6 \times 5}{4 \times 7}$ ならば、$\dfrac{\overset{3}{\cancel{6}} \times 5}{\underset{2}{\cancel{4}} \times 7} = \dfrac{15}{14}$ とできますよね！

……というわけで、

> ■ ■ ■ **ここまでのまとめ** ■ ■ ■
>
> 「方程式を解く」「符号を調べる」「分数の約分」など、数学では和の式より積の式のほうが問題解決の役に立つことが多い。
>
> ※高校数学では、「不等式を解く」「方程式の整数解を求める」「増減表を書く」など、積の式はさらに活躍の場を広げます！

このように、足し算や引き算でつながったままでは何も語ってくれなかったような数式でも、（ ）を使って積の式にすることで、すなわち、因数分解をすることで、いろいろなことを知らせてくれるようになります。

だから、因数分解は必要ですし、学ぶ価値があるのです！

☕ 第2話　因数分解の公式

それではここで、（懐かしの？）因数分解の公式を思い出してみましょう。

$$\begin{cases} \text{(i)} \ a^2 - b^2 = (a+b)(a-b) \\ \text{(ii)} \ a^2 + 2ab + b^2 = (a+b)^2 \\ \text{(ii')} \ a^2 - 2ab + b^2 = (a-b)^2 \\ \text{(iii)} \ x^2 + (a+b)x + ab = (x+a)(x+b) \end{cases}$$

> (ii)と同じ内容なので(ii')としました。

 中学生の頃、突然これらの公式を覚えなさいと言われて、それからひたすら練習問題を解いたという方も少なくないと思います。

 ちなみに、**→の向き（左辺から右辺）が因数分解、←の向き（右辺から左辺）が展開**となっています。

 実は、これらの公式は「←」の向きで、つまり展開によって導かれたものです。なるほど中学校の教科書では「因数分解」の前に「式の展開」の章があるわけです。ですから、右辺を展開することによって、「うん、たしかにそうだな」と納得することができます。

> ※(ii)(ii')については、それぞれ $(a+b)(a+b)$, $(a-b)(a-b)$ として展開してください。

 ここで、(iii)についてだけ少し確認しておきましょう。

 因数分解で(iii)の公式を使うには、(iii)の状況ができあがっていることに気づく必要があります。

(ⅲ)の左辺は $x^2 +$ ☐ $x +$ ☐

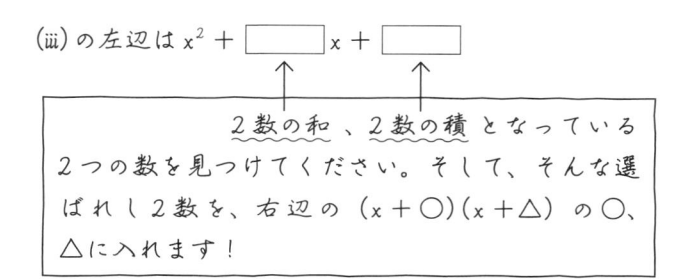

> <u>2数の和</u>、<u>2数の積</u>となっている2つの数を見つけてください。そして、そんな選ばれし2数を、右辺の $(x+○)(x+△)$ の○、△に入れます！

※実際に、この「因数分解の公式」は、当てはめてすぐに使えるという点でとても便利なので、ぜひ覚えてくださいね。

☕ 第3話　公式を使ってみよう

ここでは、実際に問題を解いてみたいと思います。

例題

それぞれ因数分解しなさい。
(1) $4x^2 - 9y^2$
(2) $x^2 - 6x + 5$
(3) $x^2 - 6x + 9$

> **解説**

(1)この問題は、$\boxed{}^2 - \boxed{}^2$ と読めるかどうかが第一歩です。

$$4x^2 - 9y^2 = (2x)^2 - (3y)^2 = (2x + 3y)(2x - 3y)$$

(2) $x^2 - 6x + 5 = (x - 1)(x - 5)$

　　　　　↑　　　　↑
足して-6になる　掛けて5になる

そんな2つの数字を見つけましょう!

第1話でお話ししたように、和の式 (足して-6になる) からは、候補者を特定することができません。積の式 (掛けて5になる) の条件から2数の候補者を探し、その中から和の式 (足して-6になる) を満たす2数を決定するとよいです。

(3) $x^2 - 6x + 9 = (x - 3)^2$ ←(ii′)の公式です。

ここで、

> あれ!? 何だか急に態度を変えなかった?? (ii′)を使えることを思いつくとは限らないじゃないか!

という意見もあると思います。

またもや数学の授業でのモヤモヤポイントですよね。「そしてこの公式を使うと……」と急に言われても、「うん……、そりゃそうかもしれないけど、この公式を使うなんて自分で思いつけないよ。もう無理だ〜!」と思ってしまうかもしれません。

本問ではどうかというと……。

$x^2 - 6x + 9$ ですから、公式の(i)が当てはまらないことは一見してわかります。そして次に、たとえ「これは(ii′)が使える！」とひらめくことができなくても大丈夫です。

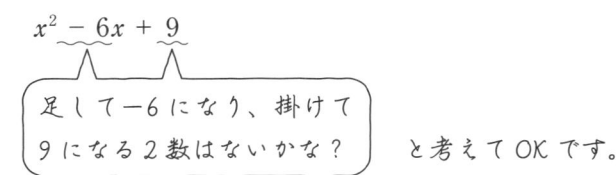

$x^2 - 6x + 9$

> 足して −6 になり、掛けて 9 になる 2 数はないかな？

と考えて OK です。

> ※もう耳にタコができたかもしれませんが、（掛けて 9 になる）という積の式から、まず 2 数の候補者を出します。そして、その中から（足して −6 になる）という和の式の条件を満たす 2 数を決定しましょう。

そうすると、−3, −3 という 2 数が見つかります。
したがって、$x^2 - 6x + 9 = (x - 3)(x - 3)$
$= (x - 3)^2$

となります！

☕ 第 4 話　3 ステップで複雑な因数分解にも対応

ここまでおとなしく話を聞いていた息子が、すかさずこう言うかもしれません。

> そんな、いかにも公式がすぐ使えそうな問題ならいいけど、もっと難しいヤツ出されたら無理だよ。

そんなときは、こう言って安心させてください。

> 大丈夫！ どんなに複雑そうな式に出合っても、必ず因数分解を成功させることができる単純な方法があるから。

複雑な式を因数分解するための道のり

（作業1）共通因数でくくる ←
　↓　　（※あれば……です。共通因数がなければ次へ進む）

（作業2）公式を使う
　↓　　（※使えれば……です。使えなければそのまま次へ進む）

（作業3）1文字に着目して整理する

（※作業3まで終わったら、作業1へ戻ります。積の式になるまで繰り返します）

↑
これに従うと必ず解けます！

76

第4章　因数分解〜和と積はどちらが"使えるヤツ"か?〜

ただし、絶対に作業の順番を変えないでください！

ではさっそく、実際にやってみましょう！

> **問題**
> それぞれ因数分解しなさい。
> (1) $2ax^2 - 4ax - 6a$
> (2) $a^2 + ab - bc - ca$
> (3) $a^2b - b^3 + a^2c - b^2c$

解説

(1) $2ax^2 - 4ax - 6a$
　　　↑この状態でいきなり公式を使おうとしないように！

まずは（作業1）です！
「共通因数でくくる」と書いてありますね。
　↑（すべての項に共通な因数のことです）

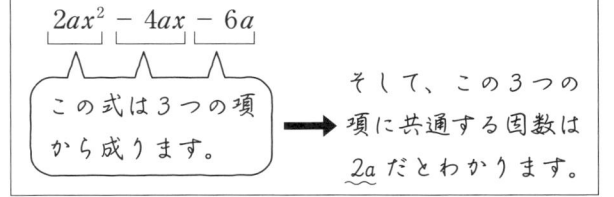

$2ax^2 - 4ax - 6a$

この式は3つの項から成ります。 → そして、この3つの項に共通する因数は $\underline{2a}$ だとわかります。

$= 2a(x^2 - 2x - 3)$

> 次は（作業2）です！
> 「公式を使う」と書いてありますね。
>
> $x^2 - 2x - 3$
>
> > 足して－2，掛けて－3になる2数を探す！　← 1と－3だ!!

$= 2a(x + 1)(x - 3)$ ◁ （作業2）が終わりました

積の式のかたちになったので、因数分解の完成です！

> ※この問題は、（作業1）→（作業2）で終了できました。

(2) $a^2 + ab - bc - ca$

> まずは（作業1）です。
> この式は4つの項から成りますが、共通因数は見つかりませんね。
> そんなときは、そのまま（作業2）へ進みます。

では（作業2）に入ります。
……しかし、公式も使えませんね。
というわけで、（作業3）へ進みます。

いよいよ（作業3）です。
思えば、a, b, c の3文字の式として見た結果、（作業1）も（作業2）もできませんでしたよね。
ここで数学の鉄則を1つ紹介したいと思います。
「複数の文字を追っていてわからなくなったら、1つの文字に注目せよ！」
（作業3）は、この鉄則に従っているというわけです。
では、どの文字に着目すればよいのでしょうか？

　　もし a に着目して「a についての式」という目で見ると、2次式になります。同様に、b に着目すると1次式、c に着目すると1次式です。次数が高くなるほど複雑な式になることが多いので、どれか1文字に着目する場合には次数が低くなるものを選びましょう。ここでは b か c ということになりますが、b に着目してみます。

「b の式だ」という目で見ると……、

$$a^2 + ab - bc - ca$$

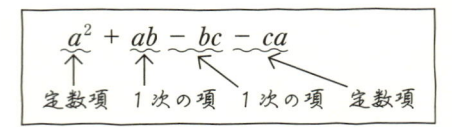

定数項　1次の項　1次の項　定数項

$= (a-c)b + a^2 - ca$ ← (作業3)により、bについての1次式になりました。

(作業3)まで完了したので、(作業1)に戻ります。
↑
共通因数でくくる

↓ さっそく

「$(a-c)b + a^2 - ca$ の1次の項 $(a-c)b$ と定数項 $a^2 - ca$ に共通因数はないかな？」と考えます。

↓ しかし

このままの形では、共通因数があるのかどうかを確かめることすらできません。なぜなら、定数項が散らばっている(=積のかたちになっていない)からです。

$= \underline{(a-c)b} + \underline{a^2} \underline{- ca}$

　　1次の項　　定数項　定数項

> 因数というのは、積のかたちにして
> 初めて現れるものなのです

↓ そこで

1次の項と定数項との共通因数を見つけるために、「定数項を積のかたちにして1つにまとめられないか?」と考えます。散らばった2つの定数項に関して、もし共通因数があれば、それが可能ですよね! a^2 と $-ca$ の共通因数は……? そう、a ですね!

$= \underbrace{(a-c)b}_{\text{1次の項}} + \underbrace{a(a-c)}_{\text{定数項}}$

> 共通因数の a で
> くくりました

これで、(作業1) を行う準備が整いました。
共通因数はありますか?
そうです。$(a-c)$ が共通因数となっていますね!
というわけで、$(a-c)$ でくくります。

$= (a-c)(b+a)$ < できました!

※ここで、「$(a+b)(a-c)$ じゃダメなのかな?」

と悩んでしまう方もいらっしゃるかもしれませんね。もちろん、それでも正解です。これは、「(　)内において a, b, c の順に書く方法」となります。
ちなみに、$(-c + a)(b + a)$ でも正解です。

(　)内において c, b, a の順に書く方法

さらに、この式の(　)内にあった"−"を外に出して $-(c - a)(b + a)$ としても正解です。
このように、式の内容が同じであれば、どの形で書くかは自由です。自分の出した答えと、参考書に載っている答えが違っているように見える場合でも、実は同じ内容であるという可能性もありますので、気をつけてくださいね。

●●●●●●●●●●● ちょっと確認 ●●●●●●●●●●●

(2)を解くときに、もし(作業3)で a に着目して整理していたら……。

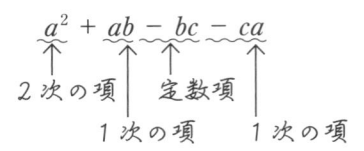

$$a^2 + ab - bc - ca$$

　↑　　　↑　　　↑　　　↑
2次の項　　　　定数項
　　　　1次の項　　　　1次の項

$= a^2 + (b - c)a - bc$ ← aについての3項から成る2次式になりました。

（作業3）まで終わったので、次は（作業1）です。しかし、共通因数はありませんね。

というわけで（作業2）に入ります。

$a^2 + \underbrace{(b - c)}a \underbrace{- bc}$

足して$b-c$、掛けて$-bc$になるような2数を探します。bと$-c$ですね。

$= (a + b)(a - c)$

（※ bに着目したときの解答 $(a - c)(b + a)$ と同じです）

このように、aに着目しても無事に解くことができました。しかし、次数が高くなるほどに項数も増えて複雑になってしまうので、次数の低い式になるような文字を選んで着目しましょう！

(3) $a^2b - b^3 + a^2c - b^2c$

> まずは（作業 1）ですが……、
> 4 つの項に共通する因数はありませんね。
> （作業 2）へ進みましょう！

> （作業 2）に入ったものの……、
> 公式を使えそうにはありません。
> というわけで、（作業 3）へと進みます。

> （作業 3）に入ります！
> さて、どの文字に着目しますか？
> 「a についての式」と見ると 2 次式、「b についての式」と見ると 3 次式、「c についての式」と見ると 1 次式になります。次数の低くなる c に着目しましょう！
>
> 「c についての式」という目で見ると……、
>
> $$\underline{a^2b} - \underline{b^3} + \underline{a^2c} - \underline{b^2c}$$
>
> 定数項　定数項　1 次の項　1 次の項

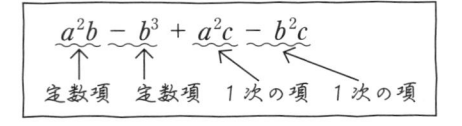

$= (a^2 - b^2)c + a^2b - b^3$ ◀ （作業3）により、c についての1次式になりました。

（作業3）まで完了したので、(作業1)に戻ります。
　　　　　　　　　　　　　↑
　　　　　　　　　　共通因数でくくる

さあ、これからどうしますか？
そうです。共通因数を見つけるために、「まずは散らばっている定数項を積のかたちにして、1つにまとめられないか？」と考えるのでしたね。a^2b と $-b^3$ の共通因数は……？　そう、b ですね。

$= (a^2 - b^2)c + \underline{b(a^2 - b^2)}$ ← 共通因数の b でくくりました
　　　　　　　　　　↑
定数項が積のかたちで1つにまとまりました！

これで、（作業1）を行う準備が整いました。
$(a^2 - b^2)$ が共通因数ですね！

$= (a^2 - b^2)(c + b)$ ← （作業1）が終わりました

※この状態でやめたとしても、因数分解をしたことにはなります。なぜなら、"積のかたち"の式になっているからです。
しかし、一般に「因数分解しなさい」という問題が出された場合は、「可能な限り因数分解をしなさい」と解釈します。

というわけで、(作業2) へ進みましょう！

(作業2)に入ったので、「公式を使えないかな？」と考えます。
公式(i)が使えますね！

$= (a + b)(a - b)(c + b)$ < できました！

~~~~~~~~~~~~~~~~~ チャレンジ問題 ~~~~~~~~~~~~~~~~~

この章で学んだことを思い出しながら、次の問題を解いてみましょう（解答は巻末）。

$a^2(b - c) + b^2(c - a) + c^2(a - b)$ を因数分解してください。

第 5 章

方程式
~滅多に成り立つことができない等式~

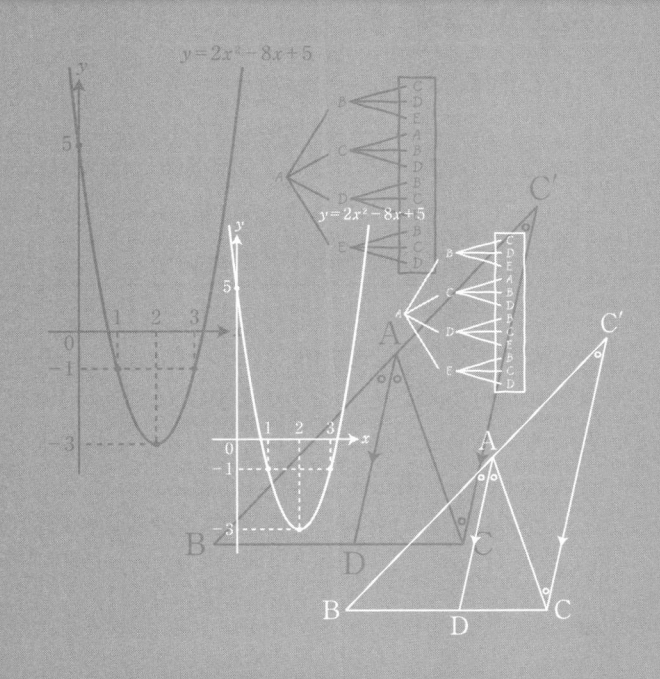

☕ 第1話　1次方程式

「方程式」という言葉を聞くと、「恋愛の方程式」「勝利の方程式」などと言われるように、それに従うとなんとなくうまくいくような……、そんな感じがしませんか？

それもあって、「方程式⇒なんだか成り立っているもの」というイメージをお持ちの方も少なくないかもしれません。

しかし実際には、「滅多に成り立たない」というのが方程式の素顔です。

たとえば、$2x - 5 = 3 \Leftrightarrow x = 4$

> $2x - 5 = 3$ は、$x = 4$ のときだけ成立するということです。4以外の x については成立しません。

すなわち、「方程式を解く」というのは、「本来なら滅多に成り立つことのない方程式ではあるけれど、それでもちょうど（運よく？）成り立ってくれるような、そんな x を探し出しましょう！」ということなのです。

ちなみに、イコール"="で表される式を等式といいます。この"="があるからといって方程式だとは

限らないので、注意してくださいね。

というのも、等式には2種類あるのです。たとえば x についての等式には、次の2種類があります。

> 恒等式（すべての x について成り立つ）
> 方程式（ある特定の x について成り立つ）

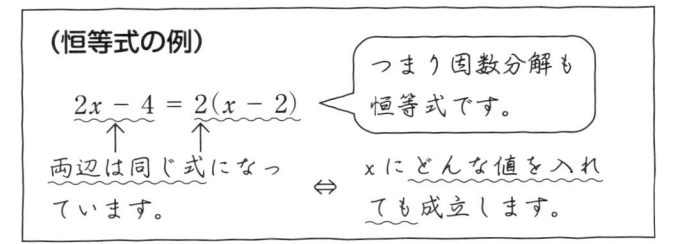

（恒等式の例）

$\underline{2x - 4} = \underline{2(x - 2)}$
両辺は同じ式になっています。 ⇔ x にどんな値を入れても成立します。

つまり因数分解も恒等式です。

（方程式の例）

$\underline{2x - 4 = 6}$
唯一、$x = 5$ のときだけ運よく成り立つ！

それでは、「方程式」について一応の確認ができたところで、1次方程式を一緒に解いてみましょう。

> **例題**
>
> $3x - 5 = x + 3$ を解きなさい。

解説

左辺と右辺で式が異なるから「方程式」です。

"=" が成立するような、まれな x を探し出しましょう。

$$3x - 5 = x + 3$$

$\Leftrightarrow 3x - x = 3 + 5$ 〈 x がある側とない側に分けて……

$\Leftrightarrow 2x = 8$

$\Leftrightarrow \underline{x = 4}$ 〈 x をひとりぼっちにして……

「いやいや、これくらいなら解けるよ。xを左辺に持ってくるんでしょ?」という声が聞こえてきそうです。おそらく、初めて方程式の授業を受けたときに、「xは左辺に移項しましょうね。それ以外のものは右辺へ……。そうすると、ほら解けたでしょう?」というように習ったのではないでしょうか。

もちろん、それは決して間違いではありません。しかし、もっと他のイメージを持ったほうが、ここから

先のより複雑な方程式を解く際に、心強い道しるべになってくれます。

というわけで、そんな道しるべを獲得するために、「xを1ヶ所にしたい！」というふうに考えてみてください。そう考えた結果として、xを左辺にまとめ、それ以外を右辺にまとめるに至ったのです。そして、1次方程式の場合は、その作業だけでxを1ヶ所にすることができたというわけです。

微妙な意識の違いですが、この思考が後に生きることになりますよ！

☕ 第2話　2次方程式

なんと、方程式を解くには2通りの道筋を知っていれば大丈夫です！

- 「xを1ヶ所にする」
- 「因数分解をする」

> どんな関数の方程式でも全部一緒です。たとえば三角関数の方程式でもこの2つでOK！

では、さっそく問題を解いてみましょう！

問題

$x^2 - 2x - 3 = 2x + 2$ を解きなさい。

解法その1　「xを1ヶ所に！」と考える解法

$x^2 - 2x - 3 = 2x + 2$

> xを1ヶ所にしたいので、xを左辺にまとめる。

$\Leftrightarrow x^2 - 4x = 5$

> 平方完成をする。

$\Leftrightarrow (x - 2)^2 - 4 = 5$

> 平方完成の作り方と、なぜ平方完成をするのかについては後ほど！

$\Leftrightarrow (x - 2)^2 = 9$

> $\boxed{}^2 = 9$ と見る。
> すると $\boxed{} = 3, -3$
> すなわち $x - 2 = 3, -3$

$\Leftrightarrow x - 2 = 3, -3$

$\Leftrightarrow \underline{x = 5, -1}$　◁ 解けました！

ところで、なぜこんな唐突に「平方完成」なんて行おうと考えたのでしょうか？　ここでいよいよ第1話

の「xを1ヶ所にしたい！」という発想が生きてきます！

もし、1次方程式を解くにあたって「xを左辺に……」とだけ考えていたとしたら、2次方程式の問題ではつまずくことになります。すなわち、本問においては、xを移項したあとの式 $x^2 - 4x = 5$ に出合った途端に行き詰まってしまうのです。

しかし、もし「xを1ヶ所にしたい！」という意識があれば、$x^2 - 4x = 5$ という式に出合ったときにも、「まだxが1ヶ所になっていないぞ。どうすれば1ヶ所にできるかな？」と考えることができます。

```
$x^2 - 4x = 5$
    $x$ が2ヶ所に散らばっている！
    どうしたらいいかな？
```

そう考えたときに使えるワザが「平方完成」なのです。つまり「平方完成はxを1ヶ所にすることができる道具」だと言えます。

それでは、「なぜ平方完成するのか」がわかったところで、**「平方完成を作る方法」** を説明したいと思います。

平方完成は、$\boxed{}^2$ のかたちを式の中に登場させることによってxを1ヶ所にする作業です。

……というわけで、

> ☐^{2} の部分を作るという最重要任務をまず済ませてから、元の式と同じになるようにつじつまを合わせます。

では、先ほど行った平方完成についてもう一度確認してみましょう。$x^2 - 4x = 5$ という式でしたね。この左辺を平方完成します。

まず ☐^{2} の部分を作るのが先決です！
( )^2 を展開したときに $x^2 - 4x$ を登場させるには……$(x - 2)^2$ が必要ですね。

> まずここに x を書く。

> x の1次の係数に $\frac{1}{2}$ を掛けたものをここに書く。

ここで、$(x - 2)^2$ を展開してみると $x^2 - 4x + 4$ となり、"$+ 4$" という余計なものが出てきてしまいました。そこでつじつまを合わせるために "$- 4$" という作業を行います。そうして、$(x - 2)^2 - 4 = 5$ という式変形ができあがったというわけです。これで無事に x を1ヶ所にすることができましたね！

解法その2　　因数分解を利用する方法

前章で、「積の式なら方程式を解くのに使える」というお話をしました。そして、積の式にするには……、

そうです、因数分解ですね！

$$x^2 - 2x - 3 = 2x + 2$$

> 因数分解をするときは、必ず右辺を"=0"にします。それはなぜかというと、"=0"の状態でなければ、せっかくの因数分解が無意味になってしまうからです。

たとえば

$\Leftrightarrow x^2 - 4x - 5 = 0$

> 足して−4、掛けて−5になるものを探す！

> $(x-1)(x-2) = 1$
> という式……、
> たしかに左辺は積の式になっています。ところが掛けて1というのは、
> $$\begin{cases} 1 \times 1 \\ -1 \times -1 \\ 3 \times \dfrac{1}{3} \\ \sqrt{2} \times \dfrac{1}{\sqrt{2}} \\ \cdots \end{cases}$$
> など無限にあり、解を決定できませんね。

$\Leftrightarrow (x+1)(x-5) = 0$

$(\Leftrightarrow x + 1 = 0$
 または $x - 5 = 0)$

$\Leftrightarrow \underline{x = -1, 5}$

> 解けました！

ここで、

> 「なんか他の解き方もあったような……。そうだ、「解の公式」を使う方法もあったはず!」

という声が上がるかもしれませんね。「解の公式」は、中学校の教科書からは消えたり復活したりしていますが、おそらくほとんどの方が、一度は覚えたことのある公式ではないでしょうか。

解の公式

2次方程式の一般式 $ax^2 + bx + c = 0$ $(a \neq 0)$ において、$\quad x = \dfrac{-b \pm \sqrt{b^2 - 4ac}}{2a}$

さて、実はこの「解の公式」でさえも、「<u>xを1ヶ所にする</u>」という発想から生まれたものなのです。

では、それを示してみたいと思います。

$ax^2 + bx + c = 0$ $(a \neq 0)$ を解きたいとき……。

> xを1ヶ所にする道具は……、そうです、平方完成です! x^2には係数がないほうが平方完成しやすいので、まず両辺をaで割ります。

$\Leftrightarrow x^2 + \dfrac{b}{a}x + \dfrac{c}{a} = 0$

96

> 文字なのでややこしく見えますが、先ほどの説明と同じことをやっています。
>
> $$\left(\underset{\wedge}{x} + \frac{b}{2a}\right)^2 - \left(\frac{b}{2a}\right)^2 + \frac{c}{a} = 0$$
>
> - まず x を書く。
> - x の 1 次の係数に $\frac{1}{2}$ を掛けたもの。
> - つじつまを合わせる。

$$\Leftrightarrow \left(\underset{\wedge}{x} + \frac{b}{2a}\right)^2 - \left(\frac{b}{2a}\right)^2 + \frac{c}{a} = 0$$

x を 1 ヶ所にできました!

$$\Leftrightarrow \left(x + \frac{b}{2a}\right)^2 = \left(\frac{b}{2a}\right)^2 - \frac{c}{a}$$

定数項を右辺に持ってくる。

$$\Leftrightarrow \left(x + \frac{b}{2a}\right)^2 = \frac{b^2 - 4ac}{4a^2}$$

カッコを開いて $4a^2$ で通分する。

$$\Leftrightarrow x + \frac{b}{2a} = \pm \frac{\sqrt{b^2 - 4ac}}{2a}$$

$\square^2 = \triangle$
$\Leftrightarrow \square = \pm\sqrt{\triangle}$

$$x = \frac{-b \pm \sqrt{b^2 - 4ac}}{2a}$$

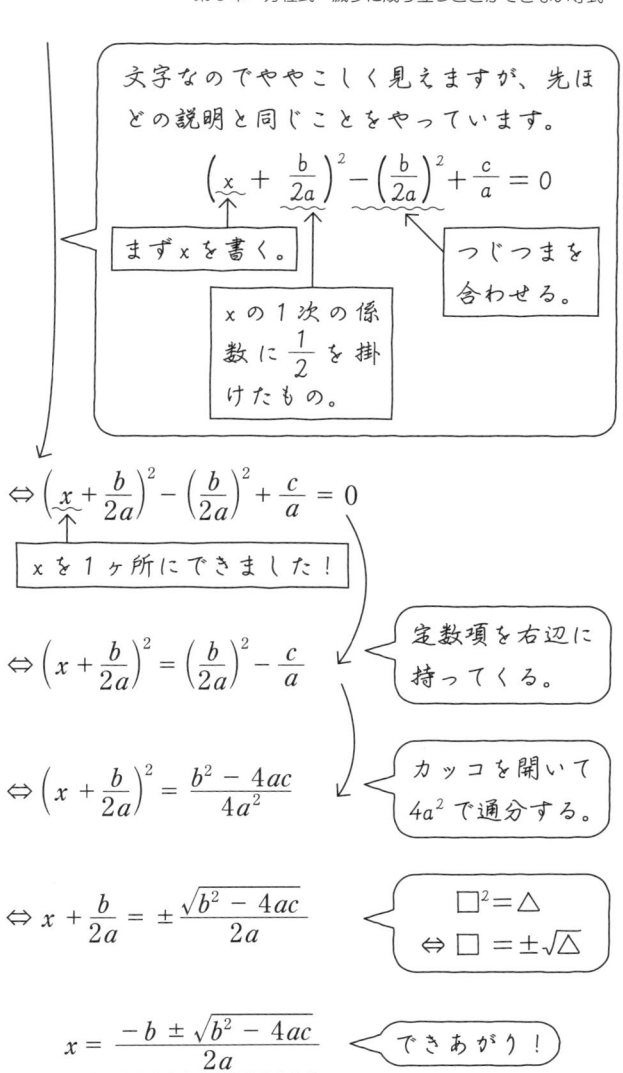

できあがり!

※「解の公式」は、"理解したうえで"覚えておくと便利です。

チャレンジ問題

この章で学んだことを思い出しながら、次の問題を解いてみましょう（解答は巻末）。

(1) 2次方程式 $2x^2 + 6x + 3 = 0$ を解の公式を使わずに解いてください。

(2) a を定数として、2次方程式 $x^2 + (2a - 4)x + a^2 - 4a - 5 = 0$ を解の公式を使わずに解いてください。

第 6 章

関数
~変化を 1 ヶ所にまとめる~

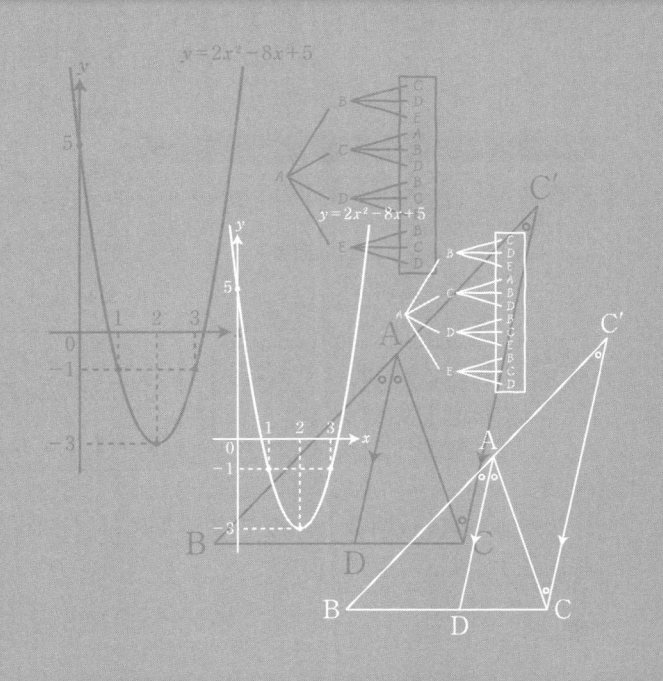

☕ 第1話 関数って何?

> x を1つ決めると y が1つに決まるとき、「y は x の関数である」と言います。

……って、なんだかとっつきにくい感じですよね。
では、具体的に見てみましょう。

(例)

① $y = 2x - 4$
② $y = 2x^2 - 5$
③ $y = 2x^2 - 8x + 5$

x を1つ決めると、y が1つに決まりますよね!
⇔「y は x の関数」と言えます。

「y は x の関数である」と言えない例

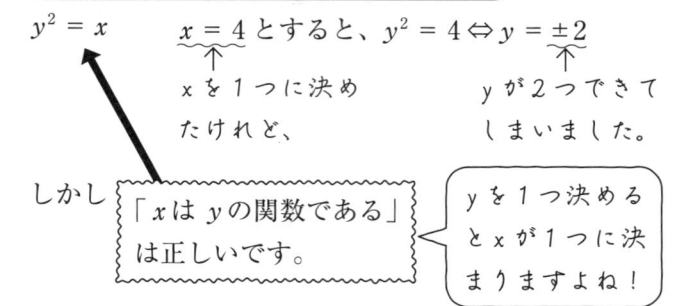

$y^2 = x$　　$x = 4$ とすると、$y^2 = 4 \Leftrightarrow y = \pm 2$

　　　　　　x を1つに決めたけれど、　　y が2つできてしまいました。

しかし　「x は y の関数である」は正しいです。

y を1つ決めると x が1つに決まりますよね!

このように、「関数というスタイルには"主語"があります!」

「□は△の関数である」
⇔△を１つ決めると□が１つに決定する

※通常、□をy、△をxにすることが多いです。

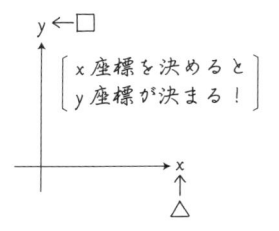

$\begin{bmatrix} x座標を決めると \\ y座標が決まる！ \end{bmatrix}$

第２話　関数の姿を読み解く

さっそくですが、先ほど例に挙げた３つの関数をそれぞれ読み解いてみましょう！

① $y = 2x - 4$

xを１つ決めればyが１つに決まりますから、とりあえず実際に値を入れて様子をうかがってみましょう。

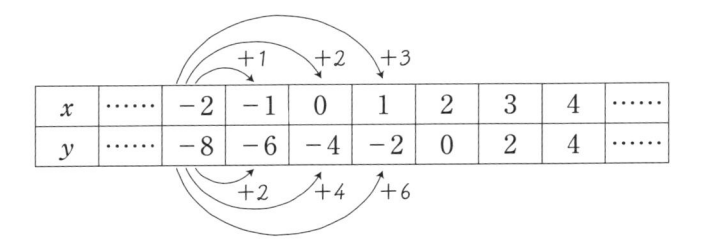

x	……	-2	-1	0	1	2	3	4	……
y	……	-8	-6	-4	-2	0	2	4	……

> xが1増えるとyは2増え、xが2増えるとyは4増え、xが3増えるとyは6増えています。つまりxの増加量の2倍、yは増加していますね！

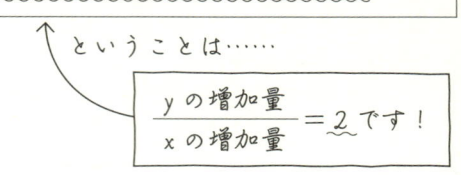

ということは……

> $\dfrac{y の増加量}{x の増加量} = 2$ です！

さて、ここでもう一度、式を見てみましょう。$y = 2x - 4$ ですから、xの1次の係数は「2」です。

そうです！

> xの1次の係数 $= \dfrac{y の増加量}{x の増加量}$ なのです！

ちなみに

> この $\dfrac{y の増加量}{x の増加量}$ は「傾き」と呼ばれたり「変化の割合」と呼ばれたりします。

それでは、なんとなく様子がわかったところでグラフを描いてみましょう！

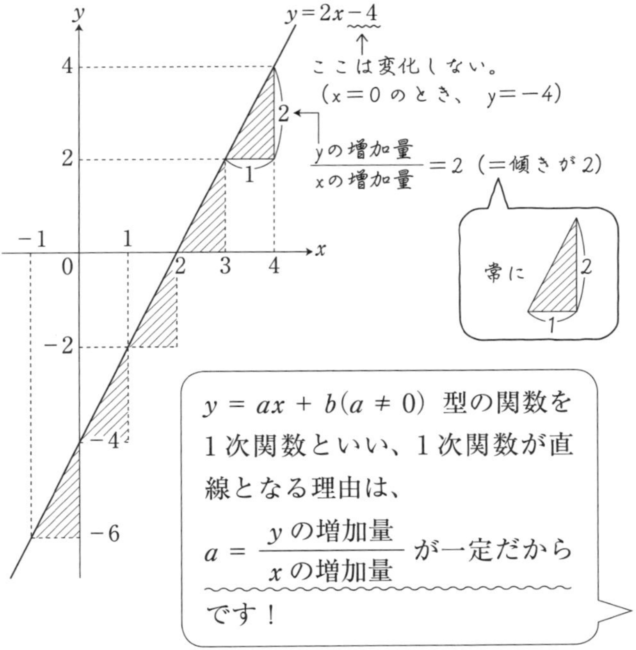

$y=2x-4$
ここは変化しない。
($x=0$ のとき、$y=-4$)
$\dfrac{y\text{の増加量}}{x\text{の増加量}}=2$ (＝傾きが2)
常に
2
1
$y = ax + b(a \neq 0)$ 型の関数を1次関数といい、1次関数が直線となる理由は、
$a = \dfrac{y\text{の増加量}}{x\text{の増加量}}$ が一定だから
です！

このように、１次関数はなんとなくイメージしやすいですね！

では次に、② $y = 2x^2 - 5$ について調べてみましょう。

先ほどと同様に、実際に値を入れてみます。

> 表をじっくり眺めてみましょう。

x	……	-3	-2	-1	0	1	2	3	……
y	……	13	3	-3	-5	-3	3	13	……

$-10 \quad -6 \quad -2 \quad +2 \quad +6 \quad +10$

y の値が左右対称

　先ほどの1次関数のときとは様子がまったく違いますね。x は「1」ずつ変化しているのに y の増減の割合は一定ではありません。x が0のときを境にして、そこから離れるほど増減の割合が激しくなっています。また、y の値そのものは、x が0のときを境にして左右対称となっています。

　それでは、なんとなく特徴がつかめたところでグラフを描いてみましょう。

　1次関数のグラフとの何よりの違いは、曲線であることです。そして、曲線になった理由は、増減の割合が一定ではないからです。

　たしかに x を0, ±1, ±2, ±3, ±4 と変化させると、x^2 は 0, 1, 4, 9, 16 となり、x の値が0から離れるほど、変化が著しくなっていきます。変化が著しくなるということは、傾きがどんどん急激になってい

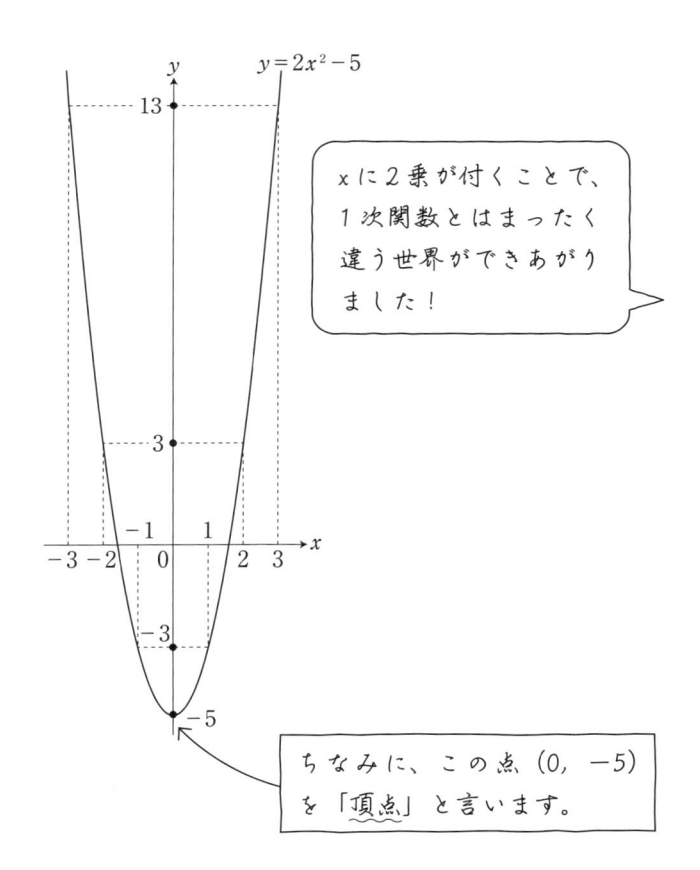

第6章 関数〜変化を1ヶ所にまとめる〜

$y = 2x^2 - 5$ のグラフ上に、13, 3, −3, −5 などの値が示されている。

> xに2乗が付くことで、1次関数とはまったく違う世界ができあがりました！

> ちなみに、この点 (0, −5) を「頂点」と言います。

くということですね。

それに加えて、「$(x,\ y) = (0,\ -5)$ を境にして y の値が左右対称になっている」という考察結果から、このようなグラフを描くことができました。

105

それではいよいよ③$y = 2x^2 - 8x + 5$についてです。

> おやっ！　困りました、xが2ヶ所に散らばっています。

そういえば、①$y = 2x - 4$も②$y = 2x^2 - 5$もxは1ヶ所で、残りは定数項でした。だからこそ、あのような方法でイメージができたし、それによってグラフを描くこともできました。

しかし、今回は$y = 2\underline{x^2} - 8\underline{x} + 5$です。

> xが散らばっているということは、変化するものが散らばっているということです。つまり、あっちの項もこっちの項も、それぞれが増えたり減ったりするから、全体としての増減がまったくつかめません。簡単なイメージすら湧きません。

> 逆に言えば、変化するものを1ヶ所にまとめることさえできれば、これまでのように読み解くことができるってことではないですか？

それならば式変形をして、なんとかxを1ヶ所にしたいですよね！

さて、xを1ヶ所にするには……（たしか「方程式」の章でも同じことをしたような……）

第6章 関数〜変化を1ヶ所にまとめる〜

> そうです、「平方完成」です！
> 「平方完成は、xを1ヶ所にすることができる道具」でしたよね！

※このように、式変形をする際は、いつだって必然的な目的に向かって行うことを意識するといいですよ。

それでは、$y = 2x^2 - 8x + 5$ を平方完成します。

平方完成を作る方法は、「方程式」の章で説明した通りです。思い出しながら一緒にやってみましょう！

（念のためにもう一度確認しておきますね。平方完成とは $\boxed{}^2$ のかたちを式の中に登場させることによって、x を1ヶ所にするための作業です）
　↑
変化するもの

$y = 2x^2 - 8x \boxed{+5}$ ← 平方完成は「変化を1ヶ所に」を目的に行うものですから、定数項（＝変化しないもの）はとりあえず無視して進めます。

$= 2(x^2 - 4x) + 5$

> x^2 の項に係数があると平方完成しにくいので、x^2 の係数である2でくくりました。定数項は無視ですよ！

> これで平方完成を行う準備が整いました。
> $(x^2 - 4x)$ という部分に注目して、$\boxed{}^2$ のかたちを作りましょう。
> $\boxed{}^2$ を展開したときに $x^2 - 4x$ を登場させるには……、$(x-2)^2$ が必要ですね！

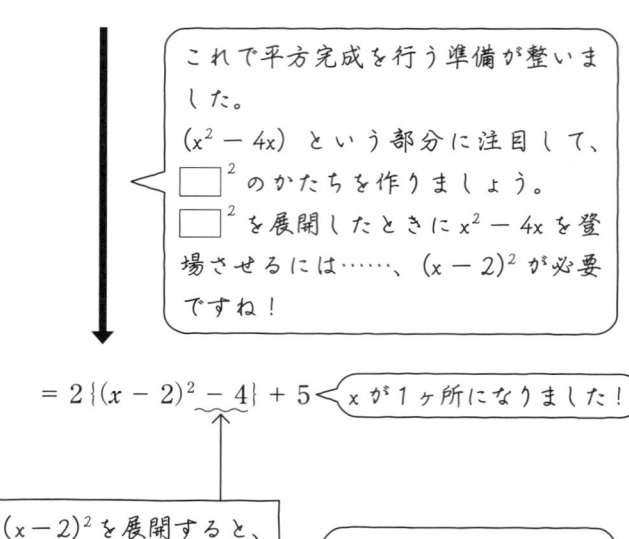

$= 2\{(x-2)^2 - 4\} + 5$ ◁ xが1ヶ所になりました！

> $(x-2)^2$ を展開すると、$x^2 - 4x + 4$ となります。つじつまを合わせるために「−4」をします。

> さて、変化するもの(= x)は1ヶ所にまとまりましたが、定数項がまだ散らばったままなので整理します。

$= 2(x-2)^2 - 8 + 5$ ◁ { } を外しました。

$= \underbrace{2(x-2)^2}_{\text{変化する。}} \underbrace{- 3}_{\text{変化しない。}}$

第6章 関数～変化を1ヶ所にまとめる～

> x を1ヶ所に（つまり変化するものを1ヶ所に）し、定数項も1ヶ所にまとまりました。

これでやっと、この関数の姿をイメージできます！

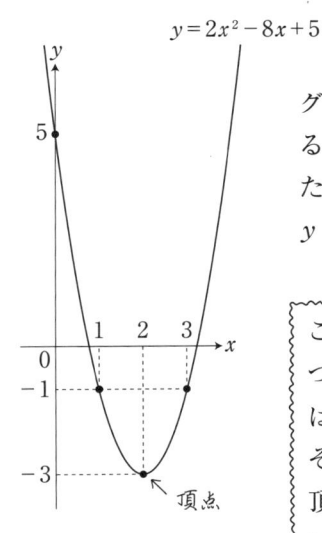

$$y = 2x^2 - 8x + 5$$

グラフのイメージを読み取れる式、すなわち平方完成された式は、
$y = 2\underline{(x - 2)^2} - 3$ でしたね。

> この部分が0になるとき、つまり $x = 2$ のときに、y は最小値 -3 をとります。そして、その $(2, -3)$ が頂点となります。2乗が付いていますから、あとは両側に向かって勢いを増しながら、値が大きくなっていくばかりです。

●●●●●●● ちょっと確認 ●●●●●●●

ちなみに、もし平方完成された式の2乗が付いている部分に負の数が掛けられていた場合はどうなるでしょうか？
……そうです！　この2乗が付いている部分が0になるときにyは最大値をとることになります。あとは両側に向かって勢いを増しながら下降していきます。なにしろ □² の前に「−」が付いていますから！

> こんなイメージです！
> ← 2乗が付いている部分が0のとき

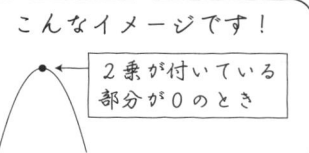

このように、一見すると得体の知れない関数でも、「変化を1ヶ所に」を合言葉にすると、その姿を見せてくれるようになります！

☕ 第3話　グラフのさぼり方

第2話では、与えられた式を読み解き、イメージが湧いたところで丁寧にグラフを描いてみるという作業

を行いました。けっこう大変でしたよね。でも実際には、「グラフを描きなさい」という問題でない限り、目的に必要な情報さえ書いてあれば、それ以外はさぼって大丈夫です！

それでは、関数の問題としてはとってもメジャーな「最大値と最小値」に挑戦してみましょう！

> **問題**
> $1 \leqq x \leqq 4$ において、それぞれの関数の最大値と最小値を求めなさい。
> (1) $y = 2x - 4$
> (2) $y = 2x^2 - 5$
> (3) $y = 2x^2 - 8x + 5$

解説

さて、最大値と最小値を求めるためのグラフに必要とされるものは何でしょう？

それは増減の様子です。ただひたすら増えていくのか、減っていくのか、どこかを頂点として増えていくのか、減っていくのか？　グラフの目的は、そのイメージを示すことです。

やはりここでも、「関数のイメージをとらえるには、変化が１ヶ所でなければならない！」という発想がカギとなるわけです。

では、さっそく解いてみましょう！

どれも、第2話で実際にグラフを描いてみた関数と同じものです。グラフを描く目的が明確になったことで、先ほどのグラフがどのような変化をしたか、つまり「どんなふうにさぼったか」をぜひ味わってみてください。

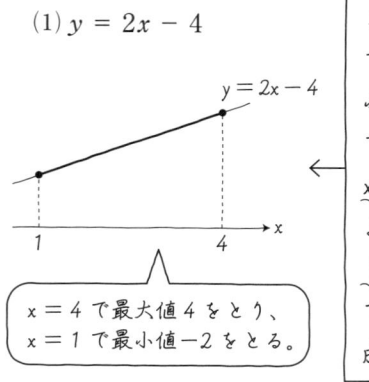

(1) $y = 2x - 4$

> こんな大雑把なグラフでOKです。最大・最小を求めたいだけなので、y軸は描きません。x軸は邪魔にならないようにぐーんと下げてしまいます。省略されていますが、目的は達成しています。

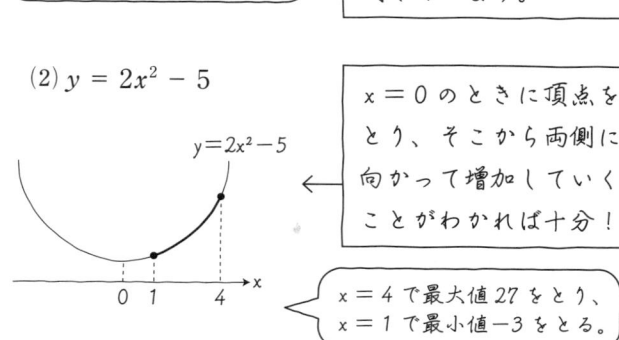

$x = 4$ で最大値4をとり、$x = 1$ で最小値−2をとる。

(2) $y = 2x^2 - 5$

> $x = 0$ のときに頂点をとり、そこから両側に向かって増加していくことがわかれば十分！

$x = 4$ で最大値27をとり、$x = 1$ で最小値−3をとる。

(3) $y = 2x^2 - 8x + 5$

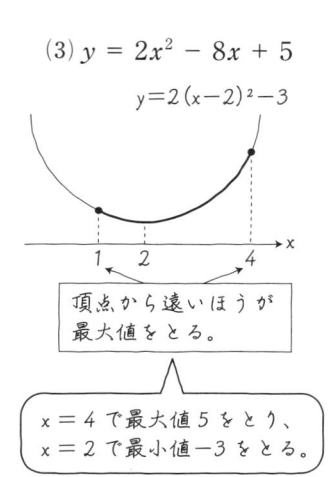

$y = 2(x-2)^2 - 3$

頂点から遠いほうが最大値をとる。

$x = 4$ で最大値 5 をとり、$x = 2$ で最小値 -3 をとる。

グラフの概形を描くために、やはり変化を1ヶ所にします。

$$y = 2x^2 - 8x + 5$$
$$= 2(x^2 - 4x) + 5$$
$$= 2(x - 2)^2 - 3$$

平方完成ですよ。

ここが0になるところ、つまり頂点をまず考えましょう。

チャレンジ問題

この章で学んだことを思い出しながら、次の問題を解いてみましょう（解答は巻末）。

2次関数 $y = -3x^2 + 6x + 2$ で、$0 \leq x \leq 3$ の範囲における最大値と最小値を求めてください。

第7章

連立方程式
~ "かつ" で結ばれた図形の真実 ~

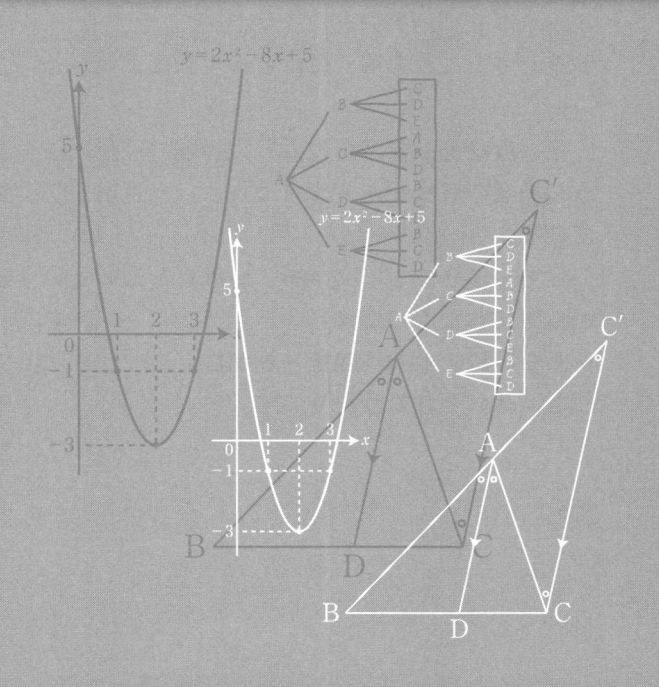

第1話　連立方程式と言えば……

連立方程式と言えば、たとえばこんな問題が出されますよね。

> **問題**
> 次の連立方程式を解きなさい。
> $$\begin{cases} 3x - 2y = 5 \\ x + 2y = 7 \end{cases}$$

そして、これを解くにはどうすればよいかというと……、

どの教科書や参考書にも"「加減法」「代入法」という2種類の解法がありますよ"という説明が必ず載っています。

どちらにしても、<u>文字を1つ減らしたい</u>という発想から生まれたものです。

ちなみに、上の問題を「加減法」や「代入法」で解くと、それぞれこうなります。

第7章 連立方程式〜"かつ"で結ばれた図形の真実〜

加減法を使った解法

$\begin{cases} 3x - 2y = 5 \cdots\cdots ① \\ x + 2y = 7 \cdots\cdots ② \end{cases}$ とすると

①+②より、$4x = 12 \Leftrightarrow x = 3 \cdots\cdots ③$

③を②に代入して、$3 + 2y = 7 \Leftrightarrow y = 2 \cdots\cdots ④$

③、④より

$\begin{cases} x = 3 \\ y = 2 \end{cases}$

代入法を使った解法

$\begin{cases} 3x - 2y = 5 \cdots\cdots ① \\ x + 2y = 7 \cdots\cdots ② \end{cases}$ とすると

②より、$x = -2y + 7 \cdots\cdots ③$

③を①に代入して、$3(-2y + 7) - 2y = 5$

$\Leftrightarrow -8y = -16$

$\Leftrightarrow y = 2 \cdots\cdots ④$

④を③に代入して、$x = 3 \cdots\cdots ⑤$

④、⑤より

$\begin{cases} x = 3 \\ y = 2 \end{cases}$

「では、"連立方程式を解く"ということには、どのような意味があると思いますか?」

> 連立させた方程式に共通する解を求める?

> 連立させた2つの方程式のどちらも成り立たせるようなxとyを見つける?

> そういえば……、直線と直線の交点を求めるのに使えるんじゃなかったっけ?

なるほど、そうですね! どれも正しいと思います。

でも、実は……、

視点を少し変えるだけで、まったく別の意味に解釈することもできるんです!

そこでこの章では、「連立方程式を解く」という流れそのものを丁寧に考察していきながら、最終的にはその"まったく別の解釈"へと皆様をご案内したいと思います。

第7章 連立方程式〜"かつ"で結ばれた図形の真実〜

☕ 第2話　解法に疑問を持ってみる

　連立方程式の解を出すという作業は、とても単純です。
「加減法」か「代入法」のどちらかを使えば必ず解けるものなので、多くの練習問題をこなすという勉強法が主流かと思います。
　もちろん、それはとても大切なことです。
　そうするうちに、「加減法」と「代入法」のどちらのほうが解きやすい問題なのかという判断までできるようになりますし、とにかくスピードが速くなります。
　でも、あえてこんな疑問を持ってみるというのはどうでしょうか？
　たとえば、先ほどの「加減法を使った解法」ですが……、

疑問その1
"①＋②"なんて、やってよかったのでしょうか？

> だって「方程式」って滅多に成り立たない等式でしょう？　そもそも、そんな2つを足してもいいの？

疑問その2
③を②に代入しましたが、①には代入しなくても
よかったのでしょうか？

↑
①と②の連立なのだから、①にも代
入して確認しなくてよかったの？

きちんと答えようとすると、意外と難しいですよね？

でも、疑問を持つということは、何かを発見できるチャンスでもあります。

というわけで、この2つの疑問に対する答えを、これから一緒に見つけていきましょう！

☕ 第3話　見方を変えてみる

それではさっそく、疑問を解き明かすための準備を始めたいと思います。

まず、これをイメージしてください。

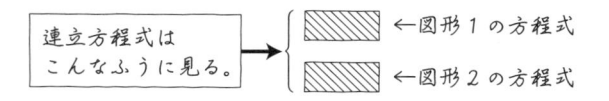

連立方程式は　　　｛ ▨▨▨ ←図形1の方程式
こんなふうに見る。　 ▨▨▨ ←図形2の方程式

第7章 連立方程式〜"かつ"で結ばれた図形の真実〜

「え? 図形?」という声が聞こえてきそうなので、「図形とは何か」について触れておきたいと思います。

「図形」というと、四角形とか三角形とか円とか、何か特別な形を指すイメージがあるかもしれません。

しかし、「図形」というのは「点の集合」です。ただそれだけです!

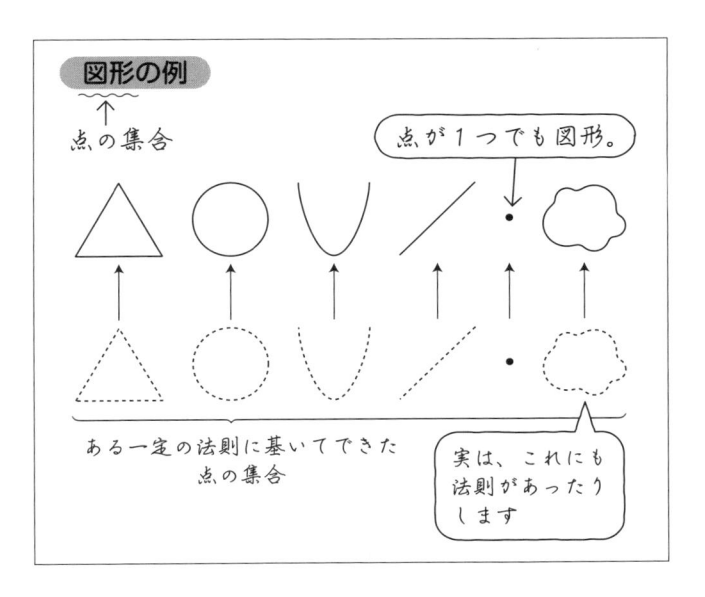

図形の例

点の集合

点が1つでも図形。

△ ○ ∪ ╱ ・ ☁

↑ ↑ ↑ ↑ ↑ ↑

△ ○ ∪ ╱ ・ ☁
(点線)

ある一定の法則に基いてできた点の集合

実は、これにも法則があったりします

このように、1つの点も図形です。円や直線、放物線はもちろんのこと、右端のようなとりたてて名前がないものでも、点が集まってできたものは、すべて図

形なのです！

では次に、「図形の方程式」とは何でしょうか？さあ、「方程式」の章を思い出してみてください。

方程式とは、「滅多に成り立たない等式」でしたね。これは別の言い方をすれば、「ある特別な場合にだけ成り立つ等式」とも言えます。

つまり、「図形の方程式」とは、「その図形上の点を代入すると成立するが、その図形上にない点を代入すると成立しない等式」なのです。

実は、連立方程式というのは、そのような図形の方程式が $\{$ でくくられているのです。そしてこの場合の $\{$ は、数学用語で言うところの「かつ」の意味を担っています。

つまり連立方程式とは、

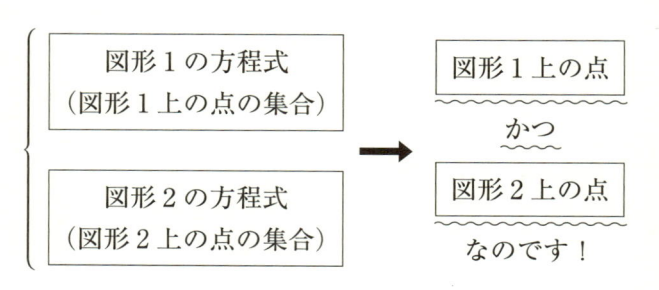

$\{$ 図形1の方程式（図形1上の点の集合）

図形2の方程式（図形2上の点の集合） $\longrightarrow$ 図形1上の点 かつ 図形2上の点

なのです！

ところで、先ほど例に挙げた問題文を振り返ってみると……。

第7章 連立方程式〜"かつ"で結ばれた図形の真実〜

> **問題**
> 次の連立方程式を解きなさい。
> $\begin{cases} 3x - 2y = 5 \\ x + 2y = 7 \end{cases}$

と書いてあります。

これはすなわち「$3x - 2y = 5$ 上の点 かつ $x + 2y = 7$ 上の点となる点を見つけなさい」という問題なのです。

ちなみに、この2つの方程式はそれぞれ直線(直線上の点の集合)を表しています。

> 「直線??」と思った方は、"$y =$"の形に直してみてくださいね。
> それぞれ $y = \frac{3}{2}x - \frac{5}{2}$、$y = -\frac{1}{2}x + \frac{7}{2}$ となります。
> 傾きが一定だということがわかりますね。
> 　　　↑つまり直線です!

さて、ここで(疑問その1)を思い出してみましょう。「"①+②"なんて、やってよかったのでしょうか?」でしたね。

実は等式どうしというのは、足しても大丈夫な場合とそうでない場合があります。

> **(たとえばA = B，C = Dという2つの等式が
> ある場合)**
> A = Bが成立している状態かつC = Dも成立し
> ている状態に限って、2つの方程式を足すことが
> 可能、つまりA + C = B + Dが成り立ちます。

これを図解すると、次のようになります。

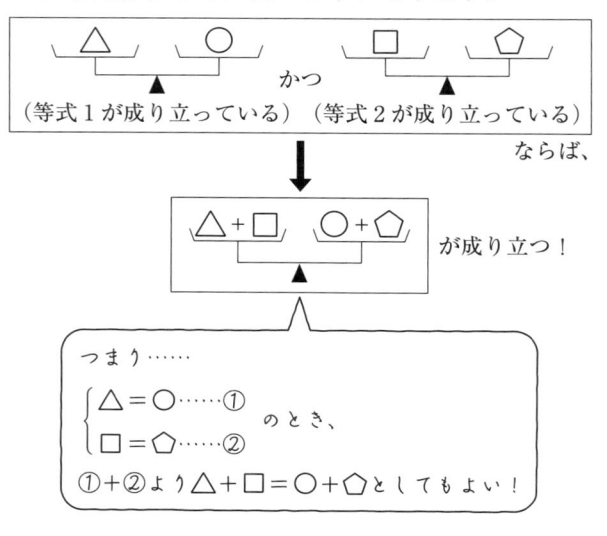

```
   △      ○           □      ⬠
 ‾‾‾▼‾‾‾            ‾‾‾▼‾‾‾       かつ
(等式1が成り立っている)  (等式2が成り立っている)
```
ならば、

```
  △+□    ○+⬠
 ‾‾‾‾▼‾‾‾‾
```
が成り立つ！

つまり……
$\begin{cases} △ = ○ \cdots\cdots ① \\ □ = ⬠ \cdots\cdots ② \end{cases}$ のとき、
①+②より△+□=○+⬠としてもよい！

　これで、それぞれの方程式について等式が成り立っ
ている場合に限り、その2つを足してもよいというこ
とはわかりましたね。
　でも、「方程式とは、ある特別な場合にのみ成り立
つ等式(⇔滅多に成り立たない等式)」でした。それ

第7章 連立方程式〜"かつ"で結ばれた図形の真実〜

なのに、「成り立っている」と決めつけて作業を進めてもいいのでしょうか？

結論から言うと、いいんです‼

重要なのは、作業をする目的です。ここでの作業の目的は、「"①上の点かつ②上の点"を満たす (x, y) を探すこと」です。そして、この (x, y) というのは、下の図の★印にあたります。

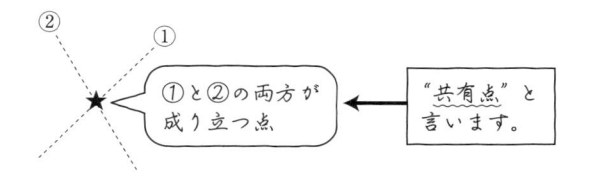

②ーー＼　／ーー①
　　　＼／
　　　★　←①と②の両方が成り立つ点　←"共有点"と言います。
　　　／＼
　　ーー　ーー

実は、連立方程式を解くためのすべての作業は、まず図に示したような"共有点"が存在すると仮定し、その共有点上で行われているのです！

↑
つまり、①＋②も共有点上の作業です。
　　　　↑
　　なぜ共有点の存在を"仮定"として進めなければならないのかは、p.132 を参照してくださいね。

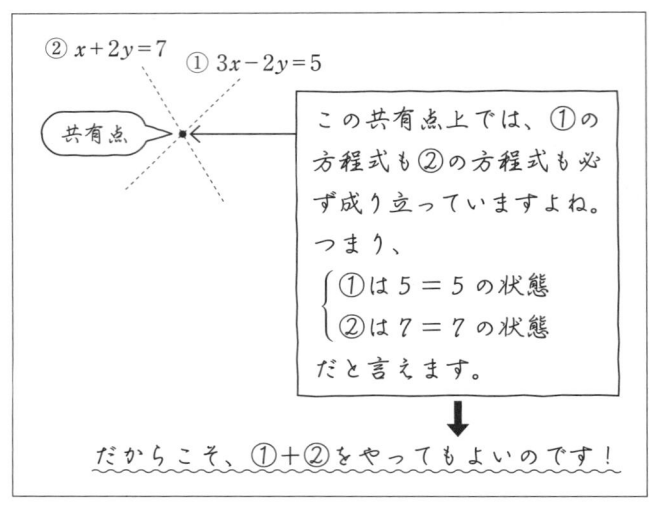

> ② $x+2y=7$　① $3x-2y=5$
>
> 共有点 ●
>
> この共有点上では、①の方程式も②の方程式も必ず成り立っていますよね。
> つまり、
> $\begin{cases} ①は 5=5 \text{ の状態} \\ ②は 7=7 \text{ の状態} \end{cases}$
> だと言えます。
>
> ↓
>
> だからこそ、①＋②をやってもよいのです！

　つまり、「(疑問その1)"①＋②"なんて、やってよかったのでしょうか？」に対する答えは、次のようになります。

「まず、①と②の両方を同時に満たす点（共有点）があると仮定し、すべての作業を共有点上で行うことを前提としているため、そこでは①も②も必ず等式が成り立っている状態であり、したがって①＋②を行ってもよい」

　さあ、これで（疑問その1）は無事解決しましたね。
　したがって、解答中の「①＋②より、$4x=12 \Leftrightarrow x=3$……③」までは納得できたと思います。

ここまでの過程を図に表すとこうなります。

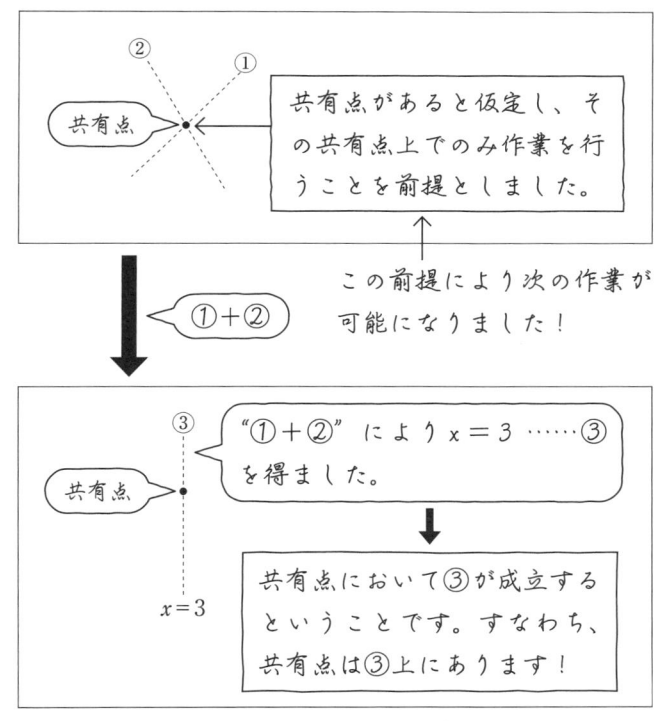

```
     ②       ①
       ＼  ／
    共有点 ●      ← 共有点があると仮定し、そ
       ／  ＼       の共有点上でのみ作業を行
                    うことを前提としました。
```

↑ この前提により次の作業が可能になりました！

①＋②

```
            ③
            ｜
    共有点 ●        "①＋②" により $x=3$ ……③
            ｜        を得ました。
            ｜
       $x=3$
```

共有点において③が成立するということです。すなわち、共有点は③上にあります！

ここでもう一度念を押しますが、解答中のすべての作業は、①と②に共有点があると仮定し、その<u>共有点上での作業であること</u>を大前提に行われています。

ですから、①＋②によって導き出された「$x=3$……③」は、共有点において成立する式です。成立するとは代入して成り立つということ、<u>図形的には、その点を通るということ</u>です。

ただし、この時点ではまだ、共有点がどこにあるのかは決定していません。でも、とにかく共有点が「$x = 3$」という図形上のどこかにあることはたしかなのです。

さあ、この「$x = 3$ ……③」を使って共有点の場所を特定したいとき、どうしますか？

……そうです！

「(疑問その2) ③を②に代入しましたが、①には代入しなくてもよかったのでしょうか？」に対する答えが見えてきましたね。

「共有点は、$x = 3$ という直線上のどこかにあるんだ」ということがわかっていますから、これにもう1つだけ式が加わればよいのです。それが①または②です。「③かつ①」でも「③かつ②」でも、共有点の場所を特定することができます。

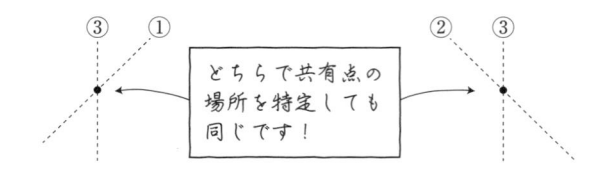

③ ①　　　　　　　　　　　　　② ③
　•　　　← どちらで共有点の　→　　•
　　　　　　場所を特定しても
　　　　　　同じです！

そして、③を②に代入して得られた式「$y = 2$ ……④」も、やはり共有点において成立する式ですね。すなわち、共有点は④上にあるということです。

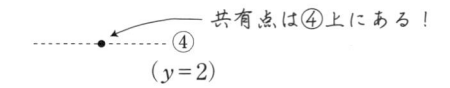

　　　　　　　　　　共有点は④上にある！
　　　　•------- ④
　　　　　($y = 2$)

これでやっと、共有点の場所を特定することができます。

そうです、「③かつ④」で共有点を表現するのです！

これで（疑問その2）も無事に解決できましたね。したがって、解答の最後まできちんと納得することができたと思います。

これにより、この連立方程式の解は $\begin{cases} x = 3 \\ y = 2 \end{cases}$ だと自信を持って言うことができます。

※ちなみに、「代入法を使った解法」も、これまで考察してきた「加減法」とまったく同じ状況下で作業が進められています。つまり①と②の共有点上の作業であることを大前提にして、すべての代入作業は行われているのです。

第4話　共有点に与えられた新たな呼び名

……と、ここであることに気づきませんか？

出題された連立方程式の問題は

$\begin{cases} 3x - 2y = 5 \\ x + 2y = 7 \end{cases}$ 　　でした。

そして、これを $\begin{cases} \boxed{\text{「}3x - 2y = 5\text{」上の点の集合}} \\ \boxed{\text{「}x + 2y = 7\text{」上の点の集合}} \end{cases}$
というふうに見てくださいと言いました。

さらに、$\{$ は、「かつ」という意味なので、与えられた問題文は「$3x - 2y = 5$ 上の点かつ $x + 2y = 7$ 上の点となるような点を求めなさい」という解釈に帰着するというお話をしましたね。

さらに、それ自体がつまりは2つの方程式の"共有点"を意味するのであり、それがあると仮定して作業を進めてきました。

そうして導かれた答えが $\begin{cases} x = 3 \\ y = 2 \end{cases}$ となったのです。

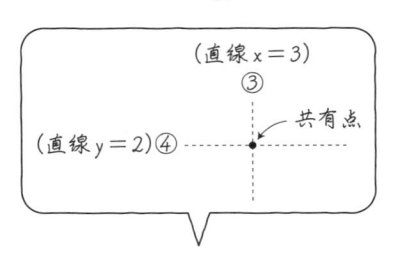

～～～～～～～～～～～～～～～～～～
　　　　　　　　　　　　(直線 $x = 3$)
　　　　　　　　　　　　　③
　(直線 $y = 2$)④ ------・← 共有点
～～～～～～～～～～～～～～～～～～

なんと、結局は $\begin{cases} \boxed{\text{図形1の方程式}} \\ \boxed{\text{図形2の方程式}} \end{cases}$ のかたちになっているではありませんか！

（つまり、「$x = 3$ 上の点かつ $y = 2$ 上の点」）

そもそも $\begin{cases} 3x - 2y = 5 \\ x + 2y = 7 \end{cases}$ の時点で、それはすでに共

第7章 連立方程式〜"かつ"で結ばれた図形の真実〜

有点を示すものでした。

その共有点を $\begin{cases} x = 3 \\ y = 2 \end{cases}$ という表現方法に変えたというわけです。

つまり、「連立方程式を解く」というのは……、

「連立させた方程式の共有点の表現方法を $\begin{cases} x = \blacksquare \\ y = \blacksquare \end{cases}$ のかたちに変える」ということだったのです。

そして、$\begin{cases} x = \blacksquare \\ y = \blacksquare \end{cases}$ の形に変えるということは、図形的には、"共有点"を縦と横の2直線の交点として表現し直すということなのです。

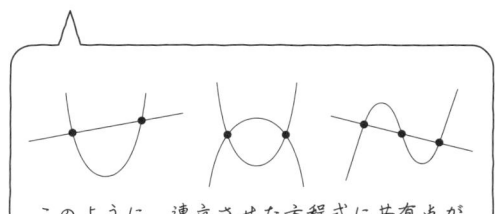

> このように、連立させた方程式に共有点が2つ以上ある場合でも、考え方は同じです。

●●●●●●●●● ちょっと確認 ●●●●●●●●●

連立方程式の解を $\begin{cases} x = \blacksquare \\ y = \blacksquare \end{cases}$ というかたちでは

なく、$(x, y) = (\text{\rlap{}}, \text{\rlap{}})$ と書く場合もありますよね。これは x と y を座標で表しています。本問の解答をこのような座標で表現するとすれば、$(x, y) = (3, 2)$ となります。
座標（直交座標）とは横（x軸）と縦（y軸）を使って表現するものですから、$(x, y) = (3, 2)$ というのは、すなわち $x = 3$、かつ $y = 2$ のことです。

さて、ここで第3話（p.125）で保留にしておいた「点★（＝共有点）の存在が"仮定"である理由」についてお話ししたいと思います。
まずは、次の問題を解いてみましょう！

問題

次の連立方程式を解きなさい
$$\begin{cases} 4x + 2y = 7 & \cdots\cdots ① \\ 2x + y = 3 & \cdots\cdots ② \end{cases}$$

加減法で解いてみると……

②×2 より、$4x + 2y = 6$ ……②′
①－②′より、$0 = 1$
よって矛盾する。

> この結果、この連立方程式の解は存在しない。

代入法で解いてみると……
②より、$y = -2x + 3$ ……②′
①に②′を代入して
$4x + 2(-2x + 3) = 7$
$\Leftrightarrow 6 = 7$
よって矛盾する。
この結果、この連立方程式の解は存在しない。

> 加減法でも代入法でも、それぞれ、0＝1、6＝7などという式が導かれてしまいました。0と1が等しいはずはありませんし、6と7も等しいはずはありません。どちらも矛盾が生じていますね！

　第3話で何度も念を押したように、「①と②の共有点がある」という"仮定"のもとで方程式を解いているのですから、その仮定が間違っていれば、矛盾が生じるのは当然のことです。

　つまり、「そのような共有点は存在しなかった」ということです！「"解なし"もまた解なり」という言葉がありますが、まさにそのケースに当てはまるとい

うわけです。

> ※最初にお話ししたように、実際には中学校の範囲内では、「解なし」という状況を考慮しなくても、支障を感じる機会はないと思います。なぜなら、中学校の教科書などには、解が存在する問題のみが載せられているからです。
> しかし、高校数学以降は、そのような「解なし」の状況は普通に起こります。だからこそ、解が存在するというのは「実は仮定なんだ」ということを、きちんと理解しておく必要があるのです。

ちなみに、この問題での①と②を図示すると、このようになります。

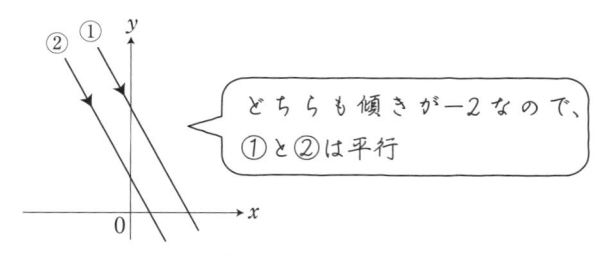

> どちらも傾きが－2なので、①と②は平行

そして、これを $\begin{cases} 直線①の方程式 \\ 直線②の方程式 \end{cases}$ という連立方程式が与えられた場合について考察すると、その2つの直線の傾きが等しいときに「解なし（＝共有点は存在しなかった）」となります。傾きが等しい2本の直線は永遠に交わらないからです。

もちろん、連立方程式とは、このような直線と直線の関係だけではありませんよね。

連立方程式とは、$\begin{cases} \boxed{図形1の方程式} \\ \boxed{図形2の方程式} \end{cases}$ なのです。

ですから、「共有点が存在しない」という状態の図は、このようにいくらでも描くことができます。

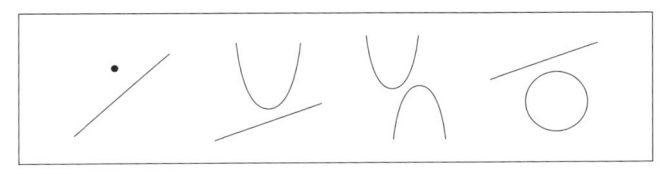

☕ **番外編**

> 高校の数学の範囲になってしまいますが、第1〜4話で考察したことがどのように役立つかがわかります。興味のある方はぜひご覧ください！

本章では、「連立方程式を解くということは"共有点を縦と横の2直線の交点として表現し直す"ことなんだ」という解釈を導き出す過程として、「連立方程式を解く」という流れの中にある作業そのものを丁寧に考察していきました。そこにあったのは、共有点を通る式が導き出されるたびに、それを使って順繰りに

共有点を表現し直していくという姿でした。

これを視覚的に追ってみると、下図のようになります。

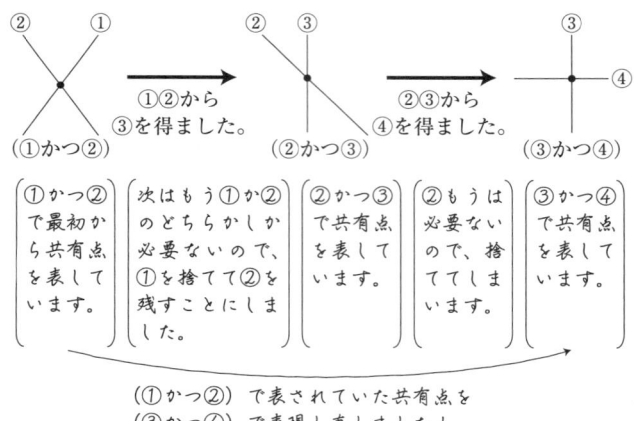

```
  ②   ①              ②  ③                     ③
   ╲ ╱                ╲                        │
    ╳      ①②から      ●        ②③から        ────●──── ④
   ╱ ╲     ③を得ました。 ╱        ④を得ました。    │
  ①  ②                ④                        
 (①かつ②)            (②かつ③)                 (③かつ④)
```

| ①かつ②で最初から共有点を表しています。 | 次はもう①②のどちらかしか必要ないので、①を捨てて②を残すことにしました。 | ②③で共有点を表しています。 | ②もうは必要ないので、捨ててしまいます。 | ③かつ④で共有点を表しています。 |

(①かつ②)で表されていた共有点を
(③かつ④)で表現し直しました！

ではなぜ、わざわざこのような流れを1つ1つ考察したのでしょうか？

（だって、そんな仕組みなんか知らなくても「加減法」や「代入法」を習得しさえすれば連立方程式は解けるのです……）

そこで、そのような疑問を持たれた方のために、本章でお伝えしたことを知っているのと知らないのとでは、大差が出てしまうような問題をご紹介したいと思います。

第7章 連立方程式〜"かつ"で結ばれた図形の真実〜

応用問題

2つの2次関数
$y = x^2 + 2x - 4$ ……①
$y = 2x^2 + 3x - 7$ ……②
は、共有点を2つ持っています。この2つの共有点を通る直線の方程式を求めなさい。

解法その1……共有点の座標を求める

> 素直に2つの共有点の座標を求め、さらにそこから傾きを計算し、通る1点の条件を加えて直線の方程式を求めています。これは、計算が大変です!!

①と②より、$x^2 + 2x - 4 = 2x^2 + 3x - 7$

$$\Leftrightarrow x^2 + x - 3 = 0$$

解の公式より、$x = \dfrac{-1 \pm \sqrt{13}}{2}$

これと①より、$(x, y) = \left(\dfrac{-1 \pm \sqrt{13}}{2}, \dfrac{-3 \pm \sqrt{13}}{2}\right)$

（複合同順）

共有点は A $\left(\dfrac{-1 + \sqrt{13}}{2}, \dfrac{-3 + \sqrt{13}}{2}\right)$ と

B $\left(\dfrac{-1-\sqrt{13}}{2},\ \dfrac{-3-\sqrt{13}}{2}\right)$ となり、

2点 A, B を通る直線の傾きは、

$$\dfrac{\dfrac{-3+\sqrt{13}}{2} - \dfrac{-3-\sqrt{13}}{2}}{\dfrac{-1+\sqrt{13}}{2} - \dfrac{-1-\sqrt{13}}{2}} = 1 \quad \left[\dfrac{y\ の増加量}{x\ の増加量}\right]$$

求める直線 AB は、傾きが1で点 A を通るから、

$$\dfrac{y - \dfrac{-3+\sqrt{13}}{2}}{x - \dfrac{-1+\sqrt{13}}{2}} = 1$$

$\Leftrightarrow y - \dfrac{-3+\sqrt{13}}{2} = x - \dfrac{-1+\sqrt{13}}{2}$

$\Leftrightarrow \underline{y = x - 1}$

解法その2……共有点の座標を求めない

本章で考察した内容を活かすと、なんと1行で終わります‼

求める直線は、①×2 −②より、$\underline{y = x - 1}$

2つの図形の式から得られた式は、2つの図形の共有点において成立します。すなわち、2つの図形の共有点を通るということです。したがって、①と②から得られた式は、必ず①と②の2つの共有点を通っています。そして、本問で求めたいのは直線の方程式なので、xの2次の項を消去できるように①×2 − ②を行いました。

このように、共有点を通る直線の方程式を求めるのに、共有点の座標を求める必要はないのです！

ちなみに、①＋②では $2y = 3x^2 + 5x - 11$ となりますが、これは2次関数です。そして、①と②から得られたものですから、やはり、①と②の共有点を通っています。

チャレンジ問題

この章で学んだことを思い出しながら、次の問題を解いてみましょう（解答は巻末）。

(1) 2つの放物線 $y = 2x^2 + 2x + 3$, $y = x^2 + 3x + 5$ の共有点を求めてください。
(2) 2つの放物線 $y = 2x^2 + 3x + 7$, $y = 2x^2 + 3x + 5$ の共有点を求めてください。

第8章

確率
~そこは "重み" が違うから気をつけて~

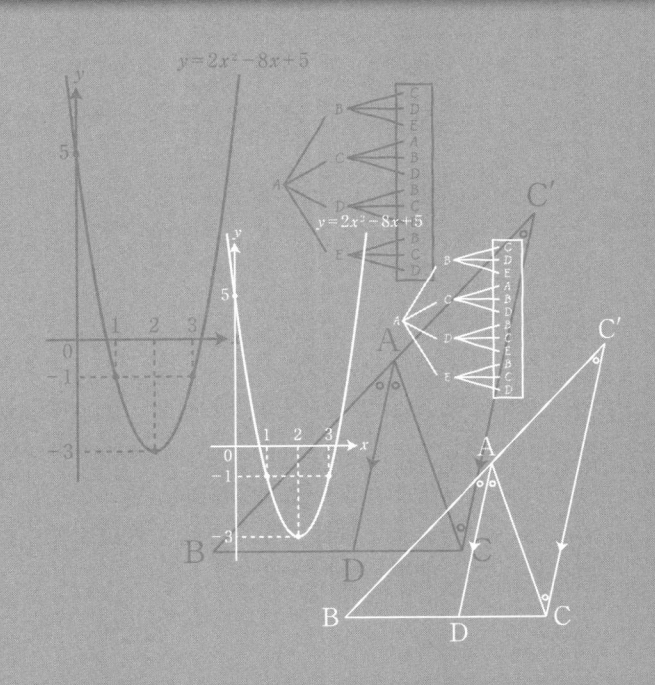

第1話　いまいち馴染めない言葉

「確率」は私たちの日常生活でも、とっても身近なものですよね。「今日の降水確率は……」なんて毎日のように耳にしますし、「そんなの宝くじに当たる確率より低いよ！」とか、「合格率（合格する確率）は80％です」とか……、普段の会話の中でもいろんな場面で使われています。

そんなこんなで、「あっ、なんか確率ならいけそうな気がする！」と思っていたのに……、いざやってみると「意外と解けないじゃん……」というギャップに幻滅してしまったという方も少なくないかもしれませんね。

ところで、確率を学ぶときに必ず出てくる言葉があります。
「同様に確からしい」です。
これ、確率の最重要語句なのですが……、日本語なのに意味をとらえづらいし、「えっ!?　なんで急にこんな言い回し？」と言いたくなってしまうくらい、まったく親しみのわかない用語ですよね。
でも、この言葉と仲良くなりさえすれば、確率が得意になること間違いなしです。

第8章 確率～そこは"重み"が違うから気をつけて～

というわけで、この章では、確率の一番ネックとなっている「同様に確からしい」を、丁寧に解説していきたいと思います。

……とその前に、まずは確率に入る準備として「順列・組み合わせ」についてお話ししますね！

☕ 第2話　順列・組み合わせ

ものすごく簡単に言うと、順列は「並べ方」、組み合わせは「グループ」です。

順列・組み合わせの問題では、「それらが何通りあるのか」を問われます。

それでは、例題を解きながら、具体的にお話をしていきたいと思います。

例題1

A，B，C，D，Eと書かれたボールが1個ずつあります。

(1) この中から3個を選んで並べる方法は何通りありますか？

(2) この中から3個を選ぶ方法は何通りありますか？

例題 1 (1)の解答と解説

「並べる方法は……」と書いてあるので順列ですね！

このような問題は、次のような手順で樹形図（木の枝のようなので、この名前が付いています）を描いてみると実感として理解しやすいです。

まず、1番目に置くのをAと決めてみましょう。

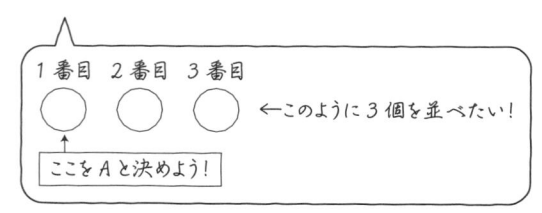

```
1番目  2番目  3番目
 ○     ○     ○    ←このように3個を並べたい！

ここをAと決めよう！
```

そうすると、2番目はB, C, D, Eのどれかですね。

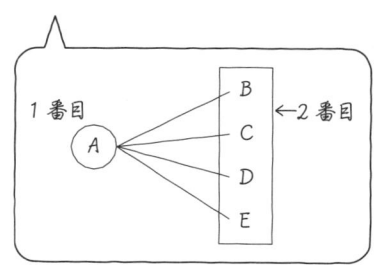

```
1番目         B
              C   ←2番目
      A       D
              E
```

同様にして、3番目まで描くと次のようになります。

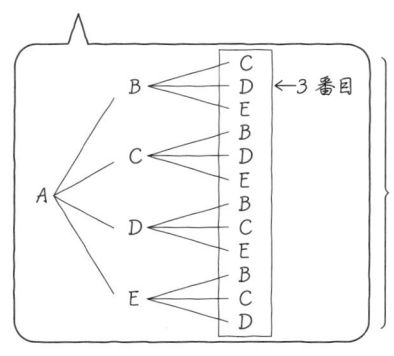

第8章 確率～そこは"重み"が違うから気をつけて～

```
       ┌ C
    B ┌ D  ← 3番目
      └ E
         B
    C ┌ D
      └ E
A ┤      B            Aを1番目に置くパターンは
    D ┌ C            12通りだ！
      └ E
         B
    E ┌ C
      └ D
```

これと同じことを1番目がBの場合、Cの場合、Dの場合、Eの場合についても描いてみると……。

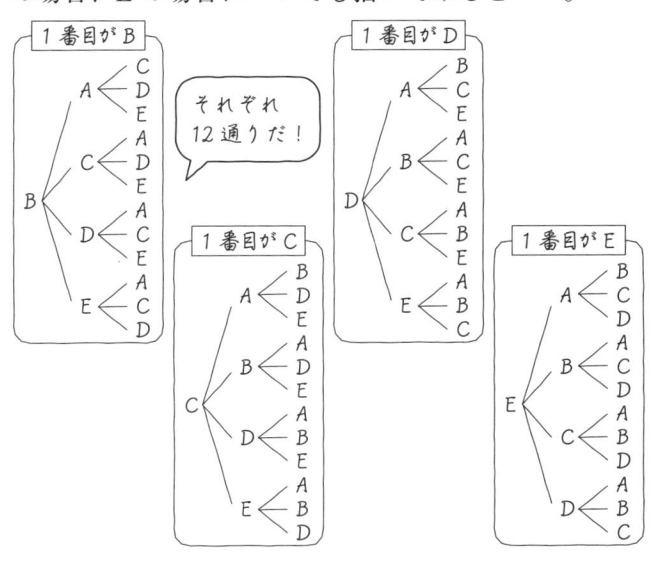

【1番目がB】

```
      ┌ C
   A ┌ D
     └ E
        A
   C ┌ D
     └ E
B ┤     A       それぞれ
   D ┌ C       12通りだ！
     └ E
        A
   E ┌ C
     └ D
```

【1番目がD】

```
      ┌ B
   A ┌ C
     └ E
        A
   B ┌ C
     └ E
D ┤     A
   C ┌ B
     └ E
        A
   E ┌ B
     └ C
```

【1番目がC】

```
      ┌ B
   A ┌ D
     └ E
        A
   B ┌ D
     └ E
C ┤     A
   D ┌ B
     └ E
        A
   E ┌ B
     └ D
```

【1番目がE】

```
      ┌ B
   A ┌ C
     └ D
        A
   B ┌ C
     └ D
E ┤     A
   C ┌ B
     └ D
        A
   D ┌ B
     └ C
```

これを数えると、全部で60通りだとわかりました！

ただ、樹形図を描いて全部調べるのはちょっと大変ですよね。

……というわけで、計算で出すこともできます。

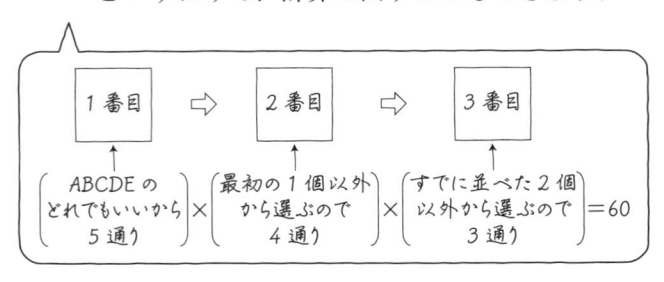

```
┌─────┐     ┌─────┐     ┌─────┐
│1番目│ ⇨  │2番目│ ⇨  │3番目│
└─────┘     └─────┘     └─────┘
   ↑           ↑           ↑
(ABCDEの)  (最初の1個以外)  (すでに並べた2個)
(どれでもいいから) × (から選ぶので) × (以外から選ぶので) = 60
(5通り)     (4通り)     (3通り)
```

このように、$5 \times 4 \times 3 = 60$（通り）という計算になります！

例題1(2)の解答と解説

問われているのは、「3個を選ぶ方法」ですね。
「3個セットのグループは何通りできますか」ということを聞かれています。
つまり「組み合わせ」の問題ですね！
先ほどの(1)は、「並べ方」なので順列でした。
これは順番が違えば別物でした。
しかし(2)には順番は関係ありません。
たとえば、ACDとCDAは順列としては異なるものですが、組み合わせとなると「AとCとDが1個ずつ入っている」という同じグループになります。

第8章 確率〜そこは"重み"が違うから気をつけて〜

では、組み合わせはどうやって計算すればよいのでしょうか？

それには順列を利用するのです！

では、どのように利用すればよいのか？

それは次のように考えるとわかりますよ。

(1)で出した60通りの順列の中に、「AとCとDが1個ずつ入っている」という組み合わせ（グループ）に属するものはいくつあるかを調べてみると……、

$$\left.\begin{array}{l} A<\begin{array}{l}C-D\\D-C\end{array}\\ C<\begin{array}{l}A-D\\D-A\end{array}\\ D<\begin{array}{l}A-C\\C-A\end{array}\end{array}\right\} 6通りだ！$$

では、なぜ6通りになったのでしょうか？

そうです！ 3個の文字（A，C，D）を並べる順列が6通りあるからです。

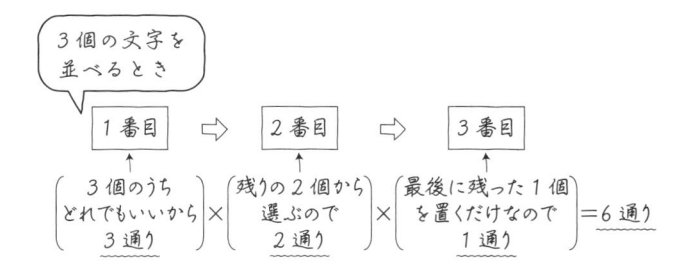

```
 ┌─────────┐
 │ 3個の文字を │
 │ 並べるとき │
 └─────────┘
      ↓
┌──────┐    ┌──────┐    ┌──────┐
│ 1番目 │ ⇒ │ 2番目 │ ⇒ │ 3番目 │
└──────┘    └──────┘    └──────┘
```

(3個のうちどれでもいいから 3通り) × (残りの2個から選ぶので 2通り) × (最後に残った1個を置くだけなので 1通り) ＝6通り

つまり、「例題1」では1つの組み合わせに対して、順列は6通りあるのです。したがって、(1)で求めた

60 を 6 で割れば組み合わせの数が出ますよね。

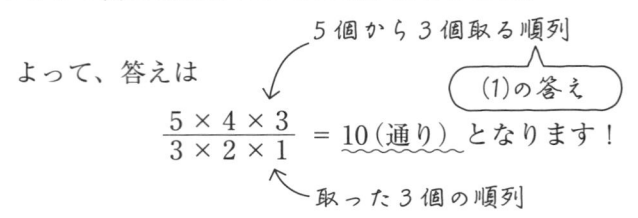

よって、答えは （5個から3個取る順列）

$$\frac{5 \times 4 \times 3}{3 \times 2 \times 1} = \underline{10 \,(通り)}\ となります！$$

（1）の答え

取った3個の順列

例題 2

箱の中に赤球が 2 個、白球が 3 個入っています。赤球も白球も色を除いては重さも大きさも同じで、同じ色の球の区別は付きません。このとき、次の質問に答えてください。

(1) 1 回目に 1 個、2 回目に 1 個の球を取り出すとき、球の色の順列は何通りありますか？

(2) 2 個の球を同時に取り出すとき、球の色の組み合わせは何通りありますか？

例題 2 (1) の解答

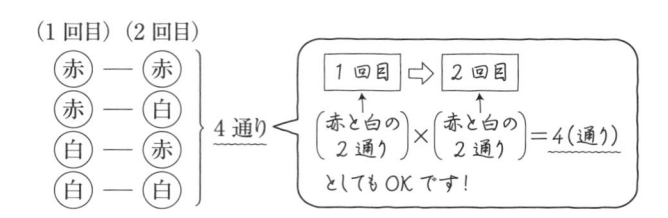

(1回目) (2回目)

赤 ― 赤
赤 ― 白   } 4通り
白 ― 赤
白 ― 白

$\boxed{1回目} \Rightarrow \boxed{2回目}$

$\begin{pmatrix} 赤と白の \\ 2通り \end{pmatrix} \times \begin{pmatrix} 赤と白の \\ 2通り \end{pmatrix} = \underline{4\,(通り)}$

としても OK です！

第8章 確率〜そこは"重み"が違うから気をつけて〜

例題2(2)の解答

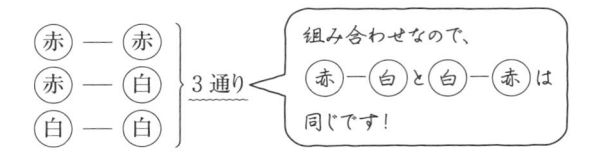

```
赤 ― 赤
赤 ― 白  } 3通り
白 ― 白
```

> 組み合わせなので、
> 赤―白 と 白―赤 は
> 同じです！

☕ 第3話 "重み"の違い

ではこの辺で、試しに確率の問題に挑戦してみましょう！

そこで、先ほどの「例題2」に、次の質問を追加したいと思います。

(3) 2個の球を同時に取り出すとき、2個とも赤球である確率を求めてください。

さあ、確率はどのようにして求められるでしょうか？

> 球の色の組み合わせは全部で3通りで、そのうち赤球が2個の組み合わせは1通りだから……、赤球が2個の確率は $\frac{1}{3}$ だ！

> 違います！
> 誤答です！

149

> それじゃあ……、あっ、順列が全部で4通りだった！ そのうち赤球2個なのは1通りだから……、赤球が2個の確率は $\frac{1}{4}$ だ！

> それも違います!! 誤答です！

　そうです……、順列や組み合わせの結果を、そのままのかたちで確率に活かせるとは限らないのです。なぜなら、順列や組み合わせで求めた結果というのは、"重さ"をまったく考慮していないからです。

　たとえば、「例題2」では赤球が2個で白球が3個となっています。白球のほうが多いのだから、㊥㊥よりも㊉㊉のほうが出やすいはずですよね？　でも、順列も組み合わせも、単に「何通りあるか？」を求めているだけで、「出やすさ」のような"重みの違い"は関係ない世界なのです。

　それに対して確率は、「あることの起こりやすさを求める」という世界です。だから、「起こりやすいもの」と「起こりにくいもの」をごちゃ混ぜにして計算してはいけません。

　「ごちゃ混ぜにすると、どんな結果が待ち受けているか……」それがよくわかるように、先ほどの「例題2」の白球の数を極端に増やした「例題3」をご用意しま

第8章 確率～そこは"重み"が違うから気をつけて～

した！ 誤答なども紹介しながら、一緒にやってみたいと思います。

例題3

箱の中に赤球が2個、白球が9998個入っています。赤球も白球も、色を除いては重さも大きさも同じで、同じ色の球の区別は付きません。この中から同時に2個の球を取り出します。このとき、次の質問に答えてください。

(1) 球の色の組み合わせは何通りありますか？
(2) 2個とも赤球である確率を求めてください。

例題3(1)の解答と解説

> 例題2の(2)と同じです。

2つの球の組み合わせは、赤赤、赤白、白白の3通り。

例題3(2)の誤答

先ほどの誤答の理論からいくと……、

(1)より、色の組み合わせは3通り。そのうち2個とも赤球なのは1通りである。よって、赤球が2個含まれている確率は $\frac{1}{3}$

> そんなわけはありません!!
> もちろん誤答です!!

151

このくらい数が極端だと、絶対におかしいと気づきますよね。合計1万個の中から2個しか球を取ってはいけないのに、たった2個しかない赤球を見事に2個とも取り出す確率がこんなに高いはずがありません。

このような間違いが起きた原因は……、

確率を $\dfrac{\text{適するのは何通り}}{\text{全体は何通り}}$ と計算してしまっていることにあります。

> しかも"重み"が違うもの

> 絶対にダメです！

そこで、確率を求めるために登場する考え方が……、
お待たせしました！　あの「同様に確からしい」なのです！

> 出たっ！

☕ 第4話　「同様に確からしいもの」を作る

それでは、「例題3」(2)の正しい解説をしたいと思います。

確率を求めるうえで一番大事なことは……、
「同様に確からしいものは何か？」を考えることです。
「同様に確からしい」というと意味がわかりづらいですが、平等であるとか、同じ起こりやすさである……というような意味です。

確率を求める際には、<u>必ず、「同様に確からしいもの」を使って計算しなくてはなりません。</u>

　では、「例題3」における「同様に確からしいもの」とは何でしょう？

　赤球は2個、白球は9998個だから、赤球と白球は「同様に確からしい」とは言えません。なぜなら、数が違うからです。だって、数がちょっとでも違えば、平等とは言えませんよね？「例題3」の場合は、あまりに違うのですから、なおさらです。
　もちろん㋐㋐、㋐㋺、㋺㋺の3通りも「同様に確からしい」とは言えません。だって、起こりやすさが違うのだから、平等とは言えないです。
　先ほどの誤答は、そんな赤球と白球を平等に扱ってしまったことが間違いの始まりです。

> ※しつこいようですが、順列・組み合わせの場合は、こんな状態でも平等に扱って大丈夫なのです。「どちらがより起こりやすい」なんていう"重み"は考えないからです。

「あれ？　じゃあ、この問題では同様に確からしいものなんてどこにもないじゃないか」という声が聞こえてきそうですが……。
　大丈夫です！

次のように、すべての球に番号を付ければ解決します！

㊤₁、㊤₂、㊦₁、㊦₂、……㊦₉₉₉₇、㊦₉₉₉₈の1万個なら、「同様に確からしい」と言えます！

たとえば、㊤₁、㊦₁は平等です。

> だって、どちらも1万個の中に1個しかないから！　この1万個の中から1つを取り出したときに、㊤₁が出る確率と㊦₁が出る確率は、両方とも $\frac{1}{10000}$ で同じですよね！

つまり、㊤とか㊦で計算してはいけません。㊤₁や㊦₁のように1つ1つに名前を付けたものならば、「同様に確からしい」ので計算に使うことができます。

確率の計算は、

$$\frac{\text{適する場合の数}}{\text{同様に確からしい起こりうるすべての場合の数}}$$

で求められるのですが、注目すべきはこの分母で、必ず"同様に確からしいもの"が入らなくてはならないので、気をつけてくださいね！

では、「同様に確からしい」の準備が整ったところで、分母を考えます。

「㊥₁、㊥₂、㊨₁、㊨₂、……㊨9997、㊨9998」の1万個の球から2個取るときの組み合わせは、全部で何通りか」というのが分母に入りますね。

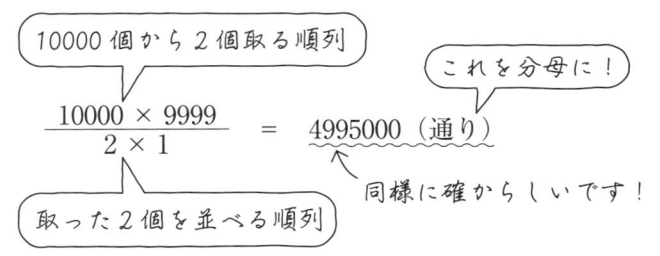

> 10000個から2個取る順列

> これを分母に！

$$\frac{10000 \times 9999}{2 \times 1} = 4995000 \text{（通り）}$$

> 同様に確からしいです！

> 取った2個を並べる順列

そして分子には、「適する場合の数」を入れますから、この問題では「赤球を2個取る組み合わせは何通りか」というのが分子に入ります。

赤球を2個取る組み合わせは、㊥₁、㊥₂の1通りです。

よって、求める確率は $\dfrac{1}{4995000}$

> できました！

びっくりですよね。

赤球が2個取り出される本当の確率は $\dfrac{1}{4995000}$ なのに、「同様に確からしい」を無視した途端に $\dfrac{1}{3}$ なんていうとんでもない数がはじき出されるのです。

どうでしょうか？
「たしかにそうだな……『同様に確からしい』っていうのは考えなくちゃいけないな」と思っていただけたでしょうか？

では、少し前に戻って、第3話で付け加えた「例題2(3)」を一緒に解き直してみましょう!

例題2(3)の解答と解説

さあ、「同様に確からしいもの」を作りますよ!
先ほどと同じように番号を付けます。

赤₁、赤₂、白₁、白₂、白₃ ← 「同様に確からしい」を作れました!

「この中から2個取る組み合わせは全部で何通りか」というのが分母にきますから……、

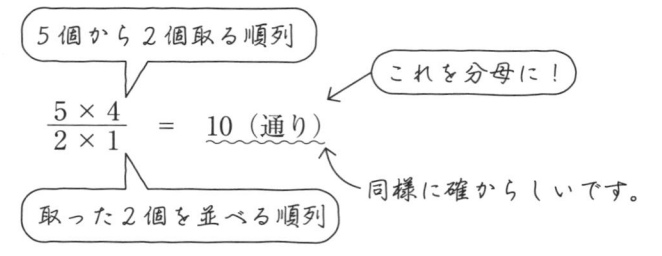

> 5個から2個取る順列

> これを分母に!

$$\frac{5 \times 4}{2 \times 1} = 10 \text{ (通り)}$$

同様に確からしいです。

> 取った2個を並べる順列

そして、分子には「適する場合の数」でしたね。

赤球を2個取り出す組み合わせは、赤₁、赤₂の1通りです。

よって、求める確率は $\frac{1}{10}$ できました!

「同様に確からしい」には慣れてきましたか?

ではここで、いよいよ本格的に確率の問題に挑戦し

てみたいと思います！

> **問題**
>
> 4つの袋A, B, C, Dがあり、Aには黒球が2個、B, Cには黒球が1個と白球が1個、Dには白球が2個入っています。4つの袋は外見上の区別は付きません。またすべての球は同じ大きさと重さです。
> この4つの袋から1つを選び、その袋から中を見ないで1個だけ球を取り出したとき、その球は黒球でした。このとき、残りの1個が黒球である確率を求めなさい。

解説

まず、問題文の読み方ですが……、

一番最後の文章に「このとき〜」ってありますよね。つまり、そうじゃないときについては触れてはいけないということです。いま現時点で、取り出した黒球を目の前にしているという状況です。これが大前提となります。

実はこれ、とっても有名な問題なんです。そして有名な誤答もあります。というわけで、解説に入る前に、まずはその誤答をご紹介しようと思います。

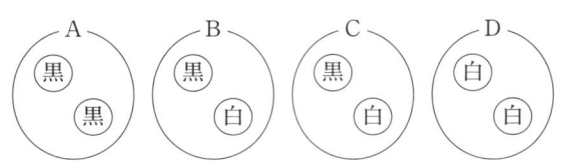

> **誤答**
>
> A　　　　B　　　　C　　　　D
> (黒)　　　(黒)　　　(黒)　　　(白)
> (黒)　　　(白)　　　(白)　　　(白)
>
> 取り出した1個の球が黒であったことから、選んだ袋は A, B, C のいずれかである。
>
> $\begin{pmatrix} \text{Aであれば残りの1個は黒} \\ \text{Bであれば残りの1個は白} \\ \text{Cであれば残りの1個は白} \end{pmatrix}$　←適するのは
> 　　　　　　　　　　　　　　　　　1通り
> 　　　　　　　　　　　　　　➡ 全部で3通り
>
> よって、残りの1個が黒球である確率は $\dfrac{1}{3}$ である。

「うんうん、そう言われればそうかも！」って、だまされそうな解答でしょう？　でも誤答なのです。どこが間違っているのかわかりますか？　やはり、先ほどの誤答のパターンなのです。つまり、「同様に確からしい」を考えずに解いているのです。

肝心なことなので、もう一度言いますね。

確率を求めるとき、何より一番大事なことは「同様に確からしいものは何か？」を考えることです。そして分母には必ず「同様に確からしいもの」を入れなくてはいけません。分母に「同様に確からしくないもの」を入れると、そこから誤答を生み出してしまいますか

第8章 確率～そこは"重み"が違うから気をつけて～

らね。

この誤答はどうなっているかというと……、

> まず1文目。「取り出した1個の球が黒であったことから、選んだ袋はA, B, Cのいずれかである」とあります。

これはOK！ 正しいです！

> それから、「選んだ袋はA, B, Cのいずれかである」ということから、全体は3通りだとし、それを分母に持ってきていますが……、

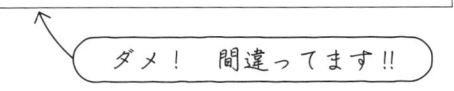

ダメ！ 間違ってます!!

なぜなら、袋A, B, Cは、同様に確からしいとは言えないからです。

最初に黒球が1個取り出されましたが、「それが袋Aからであったのか、袋Bからであったのか、袋Cからであったのか」というのは、同様に確からしいとは言えません。だって、袋Aの中の黒球の個数と、袋B, Cの中の黒球の個数は違うのです！ ↑
　　　　　　　　　　　　　　　　　　　　　　2個
　　　　　　　　↑
　　　　　　　1個

取り出されやすさが平等ではないですよね。つまり

「同様に確からしい」とは言えないということです。

> 袋Aからが一番取り出されやすい！

では、この問題において「同様に確からしい」ものは何でしょうか？　それは……、やはり、次のように番号を付けた8個の球ですよね！

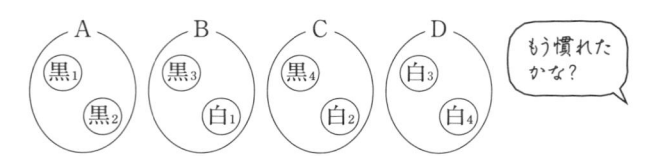

> もう慣れたかな？

8個の球はどれも同じ確率で取り出されるので、「同様に確からしい」と言えます！　$\frac{1}{8}$

つまり、最初に取り出された1個の黒球は黒₁、黒₂、黒₃、黒₄の4通りで、それらは同様に確からしいです。

というわけで、最初に袋A, B, Cのどれかから黒球1個を取り出したのですが、その、「同様に確からしい起こりうるすべての場合の数」は4となります！

→ これを分母に！

そして、㊤黒₁なら残りは㊤黒₂　← 適するのは2通り！
　　　　㊤黒₂なら残りは㊤黒₁　←
　　　　㊤黒₃なら残りは㊦白₁
　　　　㊤黒₄なら残りは㊦白₂

よって、残りの球が黒である確率は、

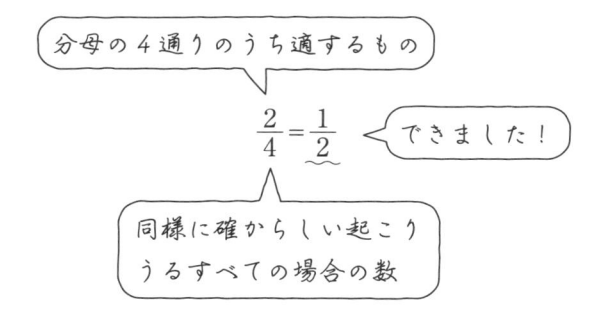

$$\frac{2}{4} = \frac{1}{2}$$

- 分母の4通りのうち適するもの
- 同様に確からしい起こりうるすべての場合の数
- できました！

確率の問題は、実にバラエティに富んでいます。もっともっと複雑なものもたくさんありますが、落ち着いて、「重みが違わないかな？」と立ち止まってみてください。そして、「同様に確からしい」状態を作ることを忘れないでくださいね。

チャレンジ問題

この章で学んだことを思い出しながら、次の問題を解いてみましょう（解答は巻末）。

> 中が見えない袋に、3本の当たりくじと5本のはずれくじが入れてあります。A, B, C, Dの4人がこの順に袋の中からくじを引くとき、次の確

率をそれぞれ求めてください。
　(1) C が当たりくじを引く確率
　(2) B と D の 2 人が当たりくじを引く確率

チャレンジ問題の解説・解答

第1章

△ABC の∠A の外角の二等分線と直線 BC の交点を D とするとき、AB：AC = BD：DC が成り立つことを証明してください。

解説

「比が移動している」と考えれば、「平行線を使って解きたいな」と考えるのは有力な方法です。そこで、「劇団☆平行線」に登場してもらいましょう。

その前に、p.19 の問題に関して、もう少し深い説明をいたします。

p.20 では、説明の便宜上、「主役（の平行線）の位置は真ん中です」と説明しましたが、実は主役が真ん中にないこともあります。より厳密に定義すると、主役は、"比を分ける中継ぎの点どうしを結ぶ直線"です。p.19 の問題の場合、AB：AC の中継ぎの点は A です。BD：DC の中継ぎの点は D です。そのため、直線 AD が主役だったのです。これが他の 2 本の平行線に対して真ん中の位置にありました。

さて、このチャレンジ問題の場合は、AB：AC で

は中継ぎの点はAです。BD：DCでは、中継ぎの点は外分点であるDです。ここから、主役は直線ADに決定しました。

次に脇役を決めます。脇役は主役に応じて決めるものです。主役が直線ADですから、脇役はその直線に平行な直線です。2人の脇役は、点Bを通りADに平行な直線、点Cを通りADに平行な直線、となります。この結果、主役が右端にいます。

ここで、BD：DCは1本の直線BD上にありますが、AB：ACは折れ曲がっています。そこで、直線AB上にC'をとり、準備完了です。

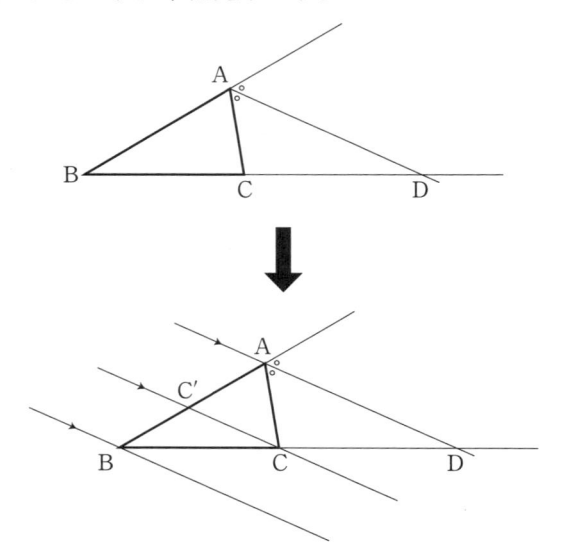

BD：DCは直線BC上にあり、1本の直線上にある

比ですが、AB：AC は 1 本の直線上にないので、1 本の直線である直線 AB 上の比にするため、AB：AC を AB：AC' にします。

なお、解答では、使わなかった線を省いてすっきりさせた図を書きます。

解答

直線 AB 上に点 C' を AD//C'C となる位置にとる。

∠AC'C = ∠EAD（同位角）

∠ACC' = ∠CAD（錯角）

これらと∠EAD = ∠CAD より、∠AC'C = ∠ACC'

よって、△ACC' は、AC = AC' の二等辺三角形である。

よって、AB：AC = AB：AC'……①

AD//C'C より AB：AC' = BD：DC……②

②より、AB：AC = BD：DC

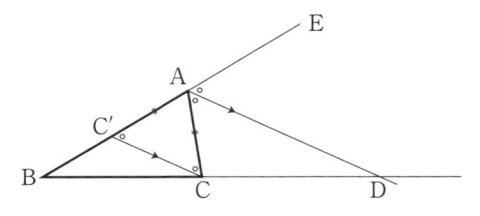

※「点 B を通る平行線はそもそも必要なかったのでは？」と、疑問を持たれる方もいらっしゃるかもしれませんね。

はい、確かに本問では使いませんでした。でも、それは、直線ABと直線BDが点Bを共有していたために、たまたま生じた現象です。

通常、比を移すには3本の平行線（主役は1本、脇役は2本）が必要です。本問のように結果的に2本で済むケースもありますが、常に3本の平行線を引く習慣をつけておいたほうが、どんな問題にも対応することができます！　もし、結果的にいらなかったら、あとで消せばいいだけのことです。

第2章

△ABCの辺ABを1:1に内分する点をP、辺BCを2:1に内分する点をQ、辺CAを3:2に内分する点をRとします。△ABCの面積が30であるとして、次の三角形の面積を求めてください。

(1) △APR
(2) △PQR

チャレンジ問題の解説・解答

解説

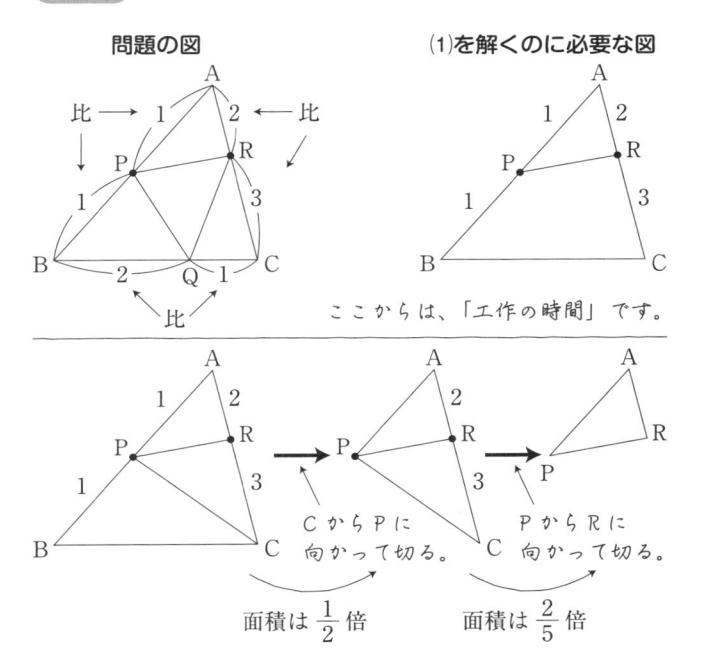

問題の図

(1)を解くのに必要な図

ここからは、「工作の時間」です。

面積は $\frac{1}{2}$ 倍　　面積は $\frac{2}{5}$ 倍

(2)の△PQR は直接工作するのではなく、△ABC から△APR, △BPQ, △CQR を切り落とすとよい。

167

解答

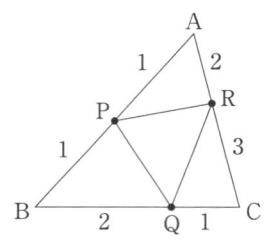

(1) $\triangle \text{APR} = \triangle \text{ABC} \times \dfrac{1}{2} \times \dfrac{2}{5} = 30 \times \dfrac{1}{5} = \underline{6}$

(2) $\triangle \text{BPQ} = \triangle \text{ABC} \times \dfrac{1}{2} \times \dfrac{2}{3} = 30 \times \dfrac{1}{3} = 10$

$\triangle \text{CQR} = \triangle \text{ABC} \times \dfrac{1}{3} \times \dfrac{3}{5} = 30 \times \dfrac{1}{5} = 6$

以上より、

$\triangle \text{PQR} = \triangle \text{ABC} - (\triangle \text{APR} + \triangle \text{BPQ} + \triangle \text{CQR})$
$= 30 - (6 + 10 + 6)$
$= \underline{8}$

第3章

5桁の整数を4で割った余りを簡単に調べる方法を見つけて、その方法に従って、84753、49768、93571をそれぞれ4で割った余りを求めてください。

考え方

万の位	千の位	百の位	十の位	一の位
a	b	c	d	e

各桁の数字を上のように置いて、5桁の整数を $10000a + 1000b + 100c + 10d + e$ と表します。

$$\begin{cases} 10000 = 4 \times 2500 \\ 1000 = 4 \times 250 \\ 100 = 4 \times 25 \end{cases}$$

ですから、$10000a + 1000b + 100c$ は4の倍数。したがって、4で割った余りは、残りの「$10d+e$ を割った余り」となります。$10d+e$ とは何でしょうか？これは下2桁です。

別のやり方もあります。$10d = 8d + 2d$ ですから、$10000a + 1000b + 100c + 8d$ までを4の倍数と考え、残りの「$2d + e$ を4で割った余り」を求める方法です。$2d + e$ は、十の位の数字を2倍して、一の位の数字を加えたものです。

解法その1

5桁の整数の各桁の数字を、万の位から順に a, b, c, d, e とすると、その整数は

$10000a + 1000b + 100c + 10d + e$
$= 4(2500a + 250b + 25c) + 10d + e$

これを4で割った余りは、$10d + e$（これは下2桁

の整数）を 4 で割った余りとなる。

$53 \div 4 = 13$ 余り 1, $68 \div 4 = 17$ 余り 0

$71 \div 4 = 17$ 余り 3

よって、求める答えはこの順番に 1, 0, 3

解法その 2

5桁の整数の各桁の数字を、万の位から順に a, b, c, d, e とすると、その整数は

$10000a + 1000b + 100c + 10d + e$

$= 4(2500a + 250b + 25c + 2d) + 2d + e$

これを 4 で割った余りは、$2d + e$ を 4 で割った余りとなる。

$2 \times 5 + 3 = 13$ を 4 で割ると 3 余り 1

$2 \times 6 + 8 = 20$ を 4 で割ると 5 余り 0

$2 \times 7 + 1 = 15$ を 4 で割ると 3 余り 3

よって、求める答えはこの順番に 1, 0, 3

第 4 章

$a^2(b - c) + b^2(c - a) + c^2(a - b)$ を因数分解してください。

解説

複数の文字が入り乱れていますので、1 文字に注目

します。3文字のいずれについても2次式ですから、どの文字に着目してもかまいません。

a に着目した場合は、a についての2次の項、1次の項、定数項ができるので、その順に並べ替えます。その後、「共通因数がないか？」さらにその後で、「公式が使えないか？」と考えることになります。

ここで、与えられた式の第1項目の $a^2(b-c)$ は a についての2次の項だけで、このままでよいです。第2項目の $b^2(c-a)$ は b^2c と $-b^2a$ からなっていて、前者は定数項であり、後者は a についての1次です。そのため、展開する必要があります。違うものだから分けるのです。同様に、第3項も展開する必要があります。そして、同類項ごとにまとめていきます。

解答

$a^2(b-c) + b^2(c-a) + c^2(a-b)$

> a について整理するため、第2項と第3項を展開します。

$= a^2(b-c) + b^2c - b^2a + c^2a - c^2b$

> a についての2次の項、1次の項、定数項の順に並べます。

$= (b-c)a^2 - (b^2 - c^2)a + (b^2c - bc^2)$

> 共通因数を見つけ出すために、a についての1次の項と定数項を積のかたちにします。

$$= (b-c)a^2 - (b+c)(b-c)a + bc(b-c)$$

> 共通因数 $(b-c)$ でくくります。

$$= (b-c)\{a^2 - (b+c)a + bc\}$$

> 2次式の因数分解の公式を使います。

$$= (b-c)(a-b)(a-c)$$

> 上で止めても正解ですが、有終の美を飾る変形をします。

$$= -(a-b)(b-c)(c-a)$$

※この解答ですが、1つ手前の $(b-c)(a-b)(a-c)$ でももちろん正解です。ただ、数学教師の多くは、この結果を「美しくない」と考え、$a→b→c→a$ の順(これを"輪環の順"と言います)に並べたがります。実際、私もこの順に並べるのですが、数学にはフィギュアスケートやシンクロナイズドスイミングなどと違って、芸術点はありませんから、"輪環の順"になっていなくても減点にはなりません。ですから、気にしなくてもいいでしょう。

チャレンジ問題の解説・解答

第5章

(1) 2次方程式 $2x^2 + 6x + 3 = 0$ を解の公式を使わないで解いてください。

(2) a を定数として、2次方程式 $x^2 + (2a - 4)x + a^2 - 4a - 5 = 0$ を解の公式を使わないで解いてください。

解説

(1)は両辺を2で割ってから平方完成すればいいです。

(2)は文字定数 a が含まれていますが、やりかたは同じです。実は因数分解できるのですが、気がついたでしょうか？

解答

(1) $2x^2 + 6x + 3 = 0$

$\Leftrightarrow x^2 + 3x + \dfrac{3}{2} = 0$

$\Leftrightarrow \left(x + \dfrac{3}{2}\right)^2 - \left(\dfrac{3}{2}\right)^2 + \dfrac{3}{2} = 0$

$\Leftrightarrow \left(x + \dfrac{3}{2}\right)^2 = \dfrac{3}{4}$

$\Leftrightarrow x + \dfrac{3}{2} = \pm \dfrac{\sqrt{3}}{2}$

$\Leftrightarrow x = \dfrac{-3 \pm \sqrt{3}}{2}$

(2)の解法その1──平方完成による

$x^2 + (2a-4)x + a^2 - 4a - 5 = 0$

$\Leftrightarrow (x + a - 2)^2 - (a-2)^2 + a^2 - 4a - 5 = 0$

$\Leftrightarrow (x + a - 2)^2 = 9$

$\Leftrightarrow x + a - 2 = 3, \ -3$

$\Leftrightarrow x = -a + 5, \ -a - 1$

(2)の解法その2──因数分解による

$x^2 + (2a-4)x + a^2 - 4a - 5 = 0$

> 因数分解をしたいので、定数項を積のかたちにします。

$\Leftrightarrow x^2 + (2a-4)x + (a-5)(a+1) = 0$

> 掛けて $(a-5)(a+1)$、足して $(2a-4)$ になる2数は $(a-5)$ と $(a+1)$

$\Leftrightarrow (x + a - 5)(x + a + 1) = 0$

$\Leftrightarrow x = -a + 5, \ -a - 1$

チャレンジ問題の解説・解答

第6章

2次関数 $y = -3x^2 + 6x + 2$ で、$0 \leq x \leq 3$ の範囲における最大値と最小値を求めてください。

解説

平方完成してグラフを考えます。このとき、2次の係数が負ですから、上に凸の放物線になっていることに注意しましょう。「グラフを描きなさい」の問題ではなく、最大値と最小値を求めるだけですから、グラフは略式のムダのないものを描きます。

解答

$y = -3x^2 + 6x + 2$
$\quad = -3(x^2 - 2x) + 2$
$\quad = -3\{(x - 1)^2 - 1\} + 2$
$\quad = -3(x - 1)^2 + 5$

```
         ___
       /     \
      /       \
     /         \
    |           |
  --+--+-------+--→ x
    0  1       3
    └┬┘└───┬───┘
   こちらが こちらが
   狭い。   広い。
```

したがって、$x = 1$ で最大値 5 をとり、
$\qquad\qquad x = 3$ で最小値 -7 をとる。

第7章

(1) 2つの放物線 $y = 2x^2 + 2x + 3$, $y = x^2 + 3x + 5$ の共有点を求めてください。

(2) 2つの放物線 $y = 2x^2 + 3x + 7$, $y = 2x^2 + 3x + 5$ の共有点を求めてください。

解説

本文で説明したように、2つの式から1つの式を作ったときは、元の式のどちらかと得られた式の連立方程式にします。そして、この作業は、「2つの式を両方成り立たせる点(すなわち共有点)があれば」を前提にしていますから、その共有点がなければ矛盾が生じる仕組みになっています。

解答

(1) $y = 2x^2 + 2x + 3$ ……①

$y = x^2 + 3x + 5$ ……②

①と②より、$2x^2 + 2x + 3 = x^2 + 3x + 5$

$\Leftrightarrow x^2 - x - 2 = 0$

$\Leftrightarrow (x + 1)(x - 2) = 0$

$\Leftrightarrow x = -1, 2$

②より、この順に $y = 3, 15$

以上より、①と②の共有点は、$\underline{(-1, 3), (2, 15)}$

(2) $y = 2x^2 + 3x + 7$ ……①

$y = 2x^2 + 3x + 5$ ……②

①と②より、$2x^2 + 3x + 7 = 2x^2 + 3x + 5$

$\Leftrightarrow \ 2 = 0$

よって、矛盾する。

よって、①と②の共有点は存在しない。

第8章

> 中が見えない袋に、3本の当たりくじと5本のはずれくじが入れてあります。A,B,C,Dの4人がこの順に袋の中からくじを引くとき、次の確率をそれぞれ求めてください。
> (1) C が当たりくじを引く確率
> (2) B と D の 2 人が当たりくじを引く確率

解説

まず注意してほしいのは、(1)では「C だけが当たりくじを引く」とは言っていないことです。当然ですが、他の人も当たってもかまいません。そこで、当たりくじを○、はずれくじを●とすると、C が当たりくじを引くパターンは、A,B,C の順に、○○○,○●○,●○○,●●○ の 4 つがあります。

○と●は「同様に確からしい」とは言えませんから、

同様に確からしいものを探します。それは、①、②、③、❶、❷、❸、❹、❺の8本のくじです。

○○○の確率は、$\dfrac{3}{8} \times \dfrac{2}{7} \times \dfrac{1}{6} = \dfrac{1}{56}$

○●○の確率は、$\dfrac{3}{8} \times \dfrac{5}{7} \times \dfrac{2}{6} = \dfrac{5}{56}$

●○○の確率は、$\dfrac{5}{8} \times \dfrac{3}{7} \times \dfrac{2}{6} = \dfrac{5}{56}$

●●○の確率は、$\dfrac{5}{8} \times \dfrac{4}{7} \times \dfrac{3}{6} = \dfrac{5}{28}$

よって、Cが当たりくじを引く確率は、

$\dfrac{1}{56} + \dfrac{5}{56} + \dfrac{5}{56} + \dfrac{5}{28} = \dfrac{21}{56} = \dfrac{3}{8}$

もちろん、これでも求められるのですが、もっといい方法があります。上で紹介した方法は、時間の流れに忠実に解いていますが、「くじ引きは時を超える」を使うのです。この言葉は私が作った数学におけることわざみたいなものですが、くじ引きの本質を突いていると思います。この根底にも「同様に確からしい」があります。

では、「くじ引きは時を超える」を用いて解説します。

(1)はCのことしか聞いていないのだから、時の流れを無視して、「Cが引く可能性のあるくじは何か？」と考えます。それは、①、②、③、❶、❷、❸、❹、

チャレンジ問題の解説・解答

❺の8本のくじです。Cはこの8本のどれを引きやすいでしょうか？　もちろん、どれも同じです。

「ここがピンと来ない！」という人もいるでしょう。特に多い質問のひとつが、「AかBが①を引いたら、Cは①を引くことはできないでしょう？」です。でも、AやBが①を引くとは限りませんから、Cが①を引く可能性はあります。もちろん、②、③、❶、❷、❸、❹、❺を引く可能性もあります。では、どれを引く可能性が最も高いでしょうか？　そんなの平等です。どれも1本ずつしかないのですから。

つまり、Cが引く可能性のあるくじは8通りで同様に確からしい。この中に当たりは3個あります。答えは簡単でした。

わかりましたか？「まずAが引き、次にBが引き、そしてその後にCが引く」という時の流れを超越し、AとBを飛ばして、Cについての確率の計算をしてしまったのです。まさしく「時を超えた」のです。

(2)も同じで、BとDについてだけ考えます。この2人が引く可能性があるくじは、8×7通りです。（BとDは、同じくじを引くことはできませんから、8×8ではありません）。

具体的に列挙すると、(Bが引くくじ、Dが引くくじ)は、(①,②),　(①,③),　(①,❶),　(①,❷),　……　(❺,❹) となり、全部で8×7 = 56通りです。これらは、

同様に確からしい。

このうち、2人とも当たりくじであるものを具体的に列挙すると、(①,②), (①,③), (②,①), (②,③), (③,①), (③,②) となり、全部で $3 \times 2 = 6$ 通りです。

解答

8本のくじを区別して考える。

(1) Cが引くことのできるくじは8通りで、同様に確からしい。この中で当たりくじは3通り。

よって、Cが当たりくじを引く確率は $\dfrac{3}{8}$

(2) BとDが引くことのできるくじは $8 \times 7 = 56$ 通りで、同様に確からしい。この中で、2人とも当たりくじであるのは、$3 \times 2 = 6$ 通り。

よって、BとDが当たりくじを引く確率は、$\dfrac{6}{56} = \dfrac{3}{28}$

参考

10本の中に1本だけ当たりくじがあり、10人の人が順番に引きます。何番目に引くのが最も有利でしょうか?

ある人はこう言います。「早い者勝ちに決まってい

る。だって、最初のほうで引いた人が当たってしまったら、後の人は絶対にはずれくじを引くことになるからね！」。また、別の人はこう言います。「一番最後がいい。だって、『残り物には福がある』ということわざがあるくらいだからね！」

　もう、みなさんはお気づきでしょう。どちらの意見も正しくないことを。

　5番目に引く人が、引く可能性があるくじは10本のくじ全部です。その10本は同様に確からしいです。その中の1本が当たりくじですから、5番目に引く人が当たる確率は$\frac{1}{10}$です。もちろん、1番目に引く人も最後に引く人も当たる確率は$\frac{1}{10}$です。

　つまり、「くじ引き」は平等な方法なのです。そのため、古来より、他に適切な方法が見つからないときは、くじ引きでものごとを決めてきたのです。

　スポーツの中にも、同点の場合はくじ引きで勝敗を決めるものがあるくらいです。もし、引く順番によって有利・不利があるのなら、くじ引きが使われるはずがないのです。

　この問題を通して、「くじ引き」がいかに平等な方法なのかを理解していただきたいし、さらに、その平等を保証しているのが「同様に確からしい」であることを理解していただけたらと思います。

おわりに

　私はとんでもない筆不精です。初めて本の執筆を依頼されたのは約30年前（当時23歳）で、代々木ゼミナールの講師として名が知られ始めた頃でした。そのときには、「私が本の執筆をするなんて、まだそんな時期ではありません」と言ってお断りしたのを覚えています。

　そして現在に至るまで、幾度となく執筆の依頼をいただきながらも、極度の筆不精が故に、そのつど何かしら理由をつけては、そこから逃げてきました。

　ところが、そんな私にも転機が訪れたようです。30年近く務めた代々木ゼミナールを辞めてひとりになったことで、「よし、そろそろ本を書こう」という想いがふと芽生えたのです。そんな折、SBクリエイティブさんから今回の執筆依頼をいただきました。まさに運命ともいえるタイミングでした。

　ところが、すぐに壁にぶつかりました。授業で生徒に喋るのと、幅広い方々に向けた原稿として仕上げるのとでは、やはりまったく勝手が違うのです。そこで、すべての問題、解答、解説において、私の考えた数学的な趣旨や理論を忠実に貫きつつ、それをどのような文章や図で表現していくかという作業を、全面的に妻

（定松直子）に任せることにいたしました。長年の経験から、最も信頼できる執筆協力者であるという確信があったからです。

　というわけで、この本を舞台にたとえるならば、私が原作を書き、彼女が脚本と演出を担当してくれたような感じです。それらを懸命に成し遂げてくれた妻には、本当に感謝しております。おかげで、私にとって初めての一般の方向けの著書となる、大切な一冊が仕上がりました。

　本書に対するご意見・ご感想などがございましたら、ぜひファンサイト事務局（info@sadamatsu-sensei.com）までお寄せください。

　最後になりましたが、この本を企画してくださり、さらに読者側からの意見を述べることで完成へと導いてくださったSBクリエイティブの柳沼豊氏に、心から御礼申し上げます。

2014年2月

定松勝幸

著者略歴

定松勝幸（さだまつ・かつゆき）

2010年度まで代々木ゼミナールの伝説の数学科講師として約30年間、のべ100万人超の生徒を志望校へ導く。代ゼミ退職後の今もオフィシャルファンサイトが開設されるほどの絶大な人気を誇る。現在は、教員研修・出張講義のための塾プロジェクトシアターゼミナール（PTS）を主催。全国の高等学校・中学校に出張して教師や生徒の指導にあたる。県教育庁での講演も多く、県レベルでの教育水準アップに力を入れているほか、高等学校のカリキュラム改革にも定評がある。講義を聴講する生徒には社会人も多く「生涯教育としての数学」の啓蒙に力を入れている。

執筆協力

定松直子（さだまつ・なおこ）

女優としてテレビドラマや舞台などで活動する一方、夫である著者の右腕として、十数年にわたり数学や化学のテキスト等の執筆協力を行っている。

SB新書　250

こんなふうに教わりたかった！　中学数学教室

2014年2月25日　初版第1刷発行
2015年5月25日　初版第3刷発行

著　者：定松勝幸（さだまつかつゆき）

発行者：小川 淳
発行所：SBクリエイティブ株式会社
　　　　〒106-0032　東京都港区六本木 2-4-5
　　　　電話：03-5549-1201（営業部）

執筆協力：定松直子
装　幀：ブックウォール
組　版：株式会社キャップス
印刷・製本：図書印刷株式会社

落丁本、乱丁本は小社営業部にてお取り替えいたします。定価はカバーに記載されております。本書の内容に関するご質問等は、小社学芸書籍編集部まで必ず書面にてご連絡いただきますようお願いいたします。

© Katsuyuki Sadamatsu 2014　Printed in Japan
ISBN 978-4-7973-7579-4

SB新書

207 マラソンは「ネガティブスプリット」で30分速くなる！　吉岡利貢

余力を残して30km付近まで走り、そこから一気にペースを上げるレース戦略「ネガティブスプリット」。公務員ランナーの川内選手も実践する方法を紹介。

206 本当は謎がない「幕末維新史」　八幡和郎

なぜ坂本龍馬は暗殺されたのか？ なぜ会津は最後まで幕府側だったのか？──幕末維新の日本で何が起こっていたのか、その真実を解き明かす。

205 「やわらかい血管」で病気にならない　高沢謙二

心臓病や脳卒中などの〝血管事故〟は、自覚症状がないまま、ある日突然襲ってくる。事故を防ぐために血管年齢を若返らせる方法を紹介する。

204 ハクティビズムとは何か　塚越健司

ウィキリークスやアノニマスが注目される中、気鋭の論者がその潮流と背景について論じる。社会に与えるインパクトをどう受け止めるべきか？

203 ウエスト20cm減、体重15kg減！ミトコンドリア・ダイエット　内藤眞禮生

激しい運動は一切必要なし。代謝のカギを握る細胞内のミトコンドリアを活性化して、ウエスト20cm減、体重15kg減を実現するメソッドを紹介。

202 認知症「不可解な行動」には理由がある　佐藤眞一

なぜ認知症の人はあのような行動をとるのか？ 20の事例をもとに、認知症の人とその家族の「心」の問題に心理学・人間行動学の観点から迫る！

SB新書

213 乗り遅れるな！ソーシャルおじさん増殖中！ 徳本昌大、高木芳紀 監修

ネットにうといはずの中高年でありながら、やプライベートでSNS活かして活躍中のおじさんたち、"ソーシャルおじさんズ"の実態を描く。自らの仕事

212 キャリア官僚の仕事力 中野雅至

厚生労働省の元キャリア官僚であり、官僚の実態を裏も表も知り尽くす者者が、日本のトップエリートであるキャリア官僚の仕事力を徹底解説！

211 20歳若く見える人の食べ方 オーガスト・ハーゲスハイマー

歳を重ねるごとに老けて、太って、疲れて……エネルギッシュに動けなくなるのは、食べものが大きな原因。食べて若返るオーガスト流フードヒーリング。

210 マラソンはゆっくり走れば3時間を切れる！ 田中猛雄

1km7〜8分ペースでゆっくり走ってグングン速くなる！本気でゆっくり走って"サブスリー"必達！「Take式3分の1ラン法則」を紹介。

209 なぜ、勉強しても出世できないのか？ 佐藤留美

懸命に勉強してスキルアップしたのに報われず、不遇をかこつ人が多い。彼らは何を間違ったのか？今求められている「脱スキル」の仕事術を紹介する。

208 「空腹で歩く」と病気にならない 石原結實

少食健康ブームの火付け役である著者が唱える健康習慣の決定版！病気予防に絶大な効果がある「空腹ウォーキング」の効果とメカニズムを解説。

SB新書

219 自閉症スペクトラム 本田秀夫

自閉症とアスペルガー症候群、さらには障害と非障害の間の垣根をも取り払い、従来の発達障害の概念を覆す「自閉症スペクトラム」を多角的に解説する。

218 戦国大名の城を読む 萩原さちこ

武田信玄、北条氏康、毛利元就、織田信長、豊臣秀吉、加藤清正、徳川家康、藤堂高虎、伊達政宗……戦国大名の城を通して、彼らの野望や戦略を読む。

217 血管からがんを治す カテーテル治療の挑戦 奥野哲治

血管内治療とは何か？ 多くのがん患者と向き合ってきた、血管内治療の第一人者による、がん治療の最前線からのレポート。

216 プロフェッショナルの習慣力 森本貴義

揺るぎない自信を生み、潜在能力を開花させる手法「ルーティン力」。こつこつと続けることが得意な日本人にとって最も適した能力開発法を紹介する。

215 心と身体を整える 岸式腹筋トレーニング 岸陽

「自分の持つ力を最大に引き出す」「どんな時でもベストパフォーマンスが出る」「ストレスに対処できる心と身体を作る」に焦点を当てたトレーニング理論。

214 本当は誤解だらけの「日本近現代史」 八幡和郎

日本人自身が誤解している日本近現代史。世界史の大きな流れから見たとき、どのように評価されるべきなのか？ その光と影を明らかにする。

SB新書

225 自宅で楽しむ発電　中村昌広

自宅で楽しみながら実践できる、自家発電および蓄電・消費の具体的な方法と、著者が行う電気の家産家消の生活から学んだ使える知識や小ワザを紹介。

224 アラフォーからのロードバイク　野澤伸吾

多くの市民サイクリストの練習会を率いる"カリスマ自転車屋"が、基礎の基礎から、ベテランでも目から鱗のノウハウまで、ロードバイクの醍醐味を伝える。

223 大増税でもあわてない相続・贈与の話　天野隆

2015年からの施行がほぼ確実となった税制大綱改正で、相続税の課税対象となる相続は約2倍に。新法の基本的知識と節税対策で知識武装し、身を守れ！

222 頑張らなくてもやせられる！メンタルダイエット　木村穣

自分のなかにある"思い込み"に気づき、行動を変えていく認知行動療法をベースに、現実的な行動目標で確実にやせる。リバウンドなしの必勝ダイエット法！

221 腹いっぱい肉を食べて1週間5kg減！ケトジェニック・ダイエット　斎藤糧三

ヒトはもともと肉食。良質の肉を食べ、カロリーではなくご飯やパンなどの糖質をカットすると、脂肪がメラメラと燃えてスリムな体形のケトジェニック体質に！

220 本当は面白い「日本中世史」　八幡和郎

従来の日本中世史の常識を打ち破る明快な分析で時代の本質を明らかにし、これまでにない「わかりやすくて面白い」中世史を詳らかにしていく。

SB新書

231 データサイエンティスト　橋本大也

データサイエンティストとはどんな仕事か。どういう資質が必要なのか。どう育てるのか。その全体像を知り、自らの業務との接点を理解する基本の一冊。

230 心配ない遺言の話　天野隆

親に何かあっても相続を"争続"にしないために最も有効なのは遺言書。要件、書式、事例の紹介に加え、どうやって親に書いてもらうかを相続人の立場に立って解説する。

229 本当は偉くない? 世界の歴史人物　八幡和郎

あの歴史上の人物は本当に偉かったのか。世界史の重要人物を偉人度と重要度で採点し、その知られざる実像に迫る。誰もが知っている歴史人物の意外な素顔。

228 植物は動けないけど強い　北嶋廣敏

植物は動物と違って、自分で動くことも声を出すこともできない。しかし植物は、とても賢く、たくましい。そうした植物の巧妙な生き方を紹介する。

227 「コリと痛み」を消せばあなたは100歳まで生きられる　松原英多

放っておくと恐い「プチ疼痛症候群」と、その対処法のすべて。軽いレベルの肩こり、腰痛、膝痛を放置しているあなたは、必読。

226 最後に勝つバカと笑われるリーダーが　松山淳

成功するリーダーはみな、"トリックスター性"を持つ。織田信長から高橋みなみ（AKB48）まで、リーダーの人物像や行動特性を分析、成功の秘訣を学ぶ。

SB新書

237 プロ野球で「エースで4番」は成功しないのか 小野俊哉

日本ハムの大谷選手が挑んだ「二刀流」が話題だ。本書では、プロ野球における二刀流の系譜をたどり、知られざる名選手たちの二刀流を読み解く。

236 非常識ゴルフメソッド 武市悦宏

2013レッスン・オブ・ザ・イヤー受賞のカリスマレッスンプロが、10代から80代までがラクに飛距離とスコアをアップできる"ツイスト打法"の真髄を伝授。

235 マラソンは最小限の練習で速くなる! 中野ジェームズ修一

多忙なビジネスパーソンが、日々の限られた練習時間の効果を最大化する。月間走行距離100km台でサブスリーを狙える超効率的トレーニング法を紹介。

234 秀吉家臣団の内幕 滝沢弘康

豊臣秀吉が築き上げた組織とはいかなるものだったのか? その歴史をたどりながら、秀吉を取り巻く群像のドラマを描き出す。天下人の組織の構造と歴史。

233 死にたくないんですけど 八代嘉美／海猫沢めろん

再生医療やバイオテクノロジーが話題に事欠かない昨今、人気作家と再生医療の研究者が、先端技術から死生観までを縦横無尽に語り合う。

232 秘境駅の歩き方 牛山隆信／西本裕隆

山奥や原野など人里から離れた場所に存在している鉄道駅、それが秘境駅。週末に行けるプチ探検。自然や歴史に溢れた秘境駅の魅力を伝える。

SB新書

243 心を動かす!「伝える」技術　荒井好一

東京オリンピックを招致したあの奇跡のプレゼンからスピーチの技術を学びとる。感性に訴え共感を呼ぶスキルは、エクササイズを通じて体で覚えこむ。

242 うつを鍼灸で治す　齋藤剛康

あまり知られていないが、古来、日本に伝わる鍼や灸によって、うつが治療できる。本書で、鍼灸によるうつ治療の実態を余すところなく伝える。

241 長生きしたけりゃデブがいい　新見正則

「デブ=悪」ではない、「デブ=健康的」なのだ。理想体重より20kg太っていても大丈夫。その理由と長生きできるカラダのつくりかたを徹底的に伝授する。

240 「20秒」でねこ背を治す　長岡隆志

まず、良い姿勢のイメージを頭で正しく理解。本書で紹介する基本的なエクササイズから、試しやすいものを拾い読みするだけで劇的に姿勢は良くなる。

239 ウザい相手をサラリとかわす技術　清水克彦

人づき合いは距離感が9割。苦手な相手ともストレスなくつき合い、関係性をスムーズにするためのノウハウを大公開。人間関係に悩んだときの処方箋。

238 オタクの心をつかめ　寺尾幸紘

膨らみ続けるオタク市場。市場分析だけではない、具体的な成功や失敗例の解説も交え、すぐに応用可能なオタク相手のビジネスヒントを紹介する。

SB新書

249 住んでみた、わかった！イスラーム世界
松原直美

先端的な近未来都市ドバイ。そこに暮らす人々はイスラームの教えに忠実に生きていた！イスラーム世界に飛び込んだ日本人女性による体験記！

248 9割の不眠は「夕方」の習慣で治る
白濱龍太郎

多忙なビジネスパーソンの現実に適した、終業後、帰宅後のちょっとした習慣で入眠を誘い、翌朝スッキリ起きられる「白濱式・48の睡眠メソッド」。

247 1つ3000円のガトーショコラが飛ぶように売れるワケ
氏家健治

扱う商品は、1つ3000円の「ガトーショコラ」1品だけ。人気スイーツ店の儲けのカラクリが徹底的にわかる！大逆転の戦略的ブランディング術。

246 腸をダマせば身体はよくなる
辨野義己

「うんち博士」として腸や便の研究で知られる著者が、腸の賢さなどをよく知ることで、俗説や間違った常識を排し、腸と上手に付き合っていく習慣を説く。

245 サラリーマンは早朝旅行をしよう！
日本エクストリーム出社協会 編

休日を待たなくても、平日の朝が休日になる。出勤前に温泉に浸かってホッコリしてから何食わぬ顔で定時出社。これで仕事も午前中からフル回転！

244 なぜ男は女より早く死ぬのか
若原正己

地球上に住んでいる生物の「性」の不思議と面白さを、生物学の視点から読み解く。生物のさまざまな性を知ることで、人間の「男と女」の本質が見えてくる。